BEAGID
Schweissapparate
Seit vielen Jahren in Groß-u. Kleinbetrieben bestens bewährt
Betriebssicher- handlich - billig
DR. ALEXANDER WACKER
Gesellschaft für elektrochemische Jndustrie G.m.b.H.
München Prinzregentenstr. 20

Bibliothek

für ländliche Reparatur-Werkstätten

Praktische Wegweiser für Landschmiede, Landschlosser, Gutsschmieden etc. zur Ausführung von Reparaturen an Kraftfahrzeugen, Landmaschinen etc.

—

Herausgegeben im Verein mit
ersten Spezialwerkmeistern und
Fachverbänden von

Oberingenieur Mayer-Sidd
München

—

Band I.

Werkstatt-Einrichtung. Moderne Arbeitsverfahren.
Leichtmetalle.

M·KRAYN
BERLIN·W
1928

Vorwort

Die ländlichen Schmiede- und Schlosserwerkstätten gehen immer mehr dazu über, ihre Werkstätten zu Reparaturwerkstätten für landwirtschaftliche Maschinen und Kraftfahrzeuge aller Art auszugestalten. Häufig weiß der Landschmied und Landschlosser aber nicht recht Bescheid, welche Maschinen und Apparate er zur erfolgreichen Durchführung seines Planes benötigt, er kennt häufig die modernen Arbeitsverfahren und ihre Geräte nicht ausreichend und so ist manchmal trotz günstiger Vorbedingungen der wirtschaftliche Ertrag einer solchen Reparaturwerkstätte nicht der, der er sein könnte. Unsere Bibliothek bezweckt, auf diesem Gebiet dem Landschlosser und Landschmied ein Führer zu sein; sie will ihm zeigen, welche Maschinen und Geräte für ihn in Frage kommen, wie die einzelnen Reparaturarbeiten fachgemäß durchzuführen sind, welches Ersatzteillager er anzulegen hat und wie zu kalkulieren ist. Gerade die Kalkulation liegt in solchen Werkstätten meist im Argen: wir werden im Laufe unserer zwanglos erscheinenden Bändchen zahlreiche durchgerechnete Beispiele einflechten, so daß der Leser aus ihnen entnehmen kann, wie er im einzelnen Fall zu rechnen hat. Mögen die Bändchen bei den ländlichen Schmiede- und Schlossermeistern guten Anklang finden und ihnen gute Dienste leisten.

München, im März 1928.

Oberingenieur Mayer-Sidd

Teil I.

Die maschinelle Einrichtung von ländlichen Reparaturwerkstätten.

Bei der großen Verbreitung von Automobilen, Lastkraftwagen, Zugmaschinen, Motorrädern etc., bei der immer mehr um sich greifenden Motorisierung und Mechanisierung der landwirtschaftlichen Arbeiten, ist es naturgemäß der Wunsch jedes Landschmiedes und Landschlossers, die an solchen Maschinen und Geräten vorkommenden Reparaturarbeiten, wenigstens soweit nicht feinere und schwierigere Arbeiten in Frage kommen, übernehmen zu können. Der heutige Landmetallhandwerker ist schon mit Rücksicht auf ein auskömmliches Einkommen darauf angewiesen, sich auf solche, meist noch anständig bezahlte Arbeiten zu verlegen; auf der anderen Seite besteht aber nach solchen Reparaturwerkstätten auch ein dringendes Bedürfnis. Der Landwirt kann defekte Maschinen, die er oft schnellstens wieder benötigt, nicht in die Stadt zur Reparatur bringen, ohne Zeit- und Geldverlust zu erleiden; aber auch Kraftfahrzeuge sollen auf dem Lande repariert werden können, sei es nun, daß es sich um Autos, Motorräder etc. aus der Stadt handelt, die infolge einer Panne nicht mehr zurückfahren können, sei es, daß Lastautos von Betrieben auf dem Lande, oder motorische Zugmaschinen der Landwirtschaft und der Industrie etc. zu reparieren sind. An verkehrsreichen Straßen wird stets ein Bedürfnis nach Reparaturwerkstätten für Kraftfahrzeuge aller Art vorliegen, besonders wenn eine solche Werkstätte auch eine Tankstelle und ein ausreichendes Ersatzteillager unterhält. Unsere Bändchen geben den Lesern an geeigneten Stellen Zusammenstellungen von Ersatzteilen, die zweckmäßig auf Lager zu halten sind.

Welche Maschinen und Apparate muß sich der Landschmied oder Landschlosser nun anschaffen, damit er erfolgreich auf diesem Gebiete arbeiten kann? Wir setzen dabei eine übliche moderne Schlosserei- bzw. Schmiede-Einrichtung als vorhanden voraus. Im übrigen aber sei bemerkt, daß die Leistungsfähigkeit einer Reparaturwerkstätte, abgesehen natürlich von der Anzahl und der Tüchtigkeit der zur Verfügung stehenden Facharbeiter, von den vorhandenen Werkzeugen und Werkzeugmaschinen, von deren Güte und Anzahl abhängt.

Grundbedingung für ein erfolgreiches Arbeiten ist unter allen Umständen das Vorhandensein einer Schnelldrehbank bester Konstruktion von mindestens 1 m Drehlänge und 150 mm Spitzenhöhe mit Leit- und Zugspindel. Wo die Mittel vorhanden sind, da empfiehlt es sich, eine Drehbank von größeren Abmessungen anzuschaffen, etwa eine solche mit einer Spitzenhöhe von 225 mm und einer Spitzenweite von 1500 mm. Die Hauptarbeiten auf der Drehbank stellen dar: 1. Langdrehen, 2. Plandrehen, 3. Gewindeschneiden und 4. Bohren mit dem Reit- oder Spindelstock. Das Langdrehen dient zum Abdrehen von Wellen, das Plandrehen zum Abdrehen von Scheiben. Denken wir uns um eine Welle einen Faden ohne Zwischenraum aufgewickelt, so gibt die Fadenlänge den Weg, den der Drehstahl beim Abdrehen der Welle zurückzulegen hat, wenn der Vorschub gleich der Stärke des

Fadens ist. Beim Abdrehen einer Scheibe können wir uns den Faden vom Mittelpunkt aus in lauter Spiralen ohne Zwischenraum gelegt denken, dann gibt der abgewickelte Faden den Gesamtweg des Drehstahls beim Plandrehen. Beim Langdrehen wird das Werkzeug parallel zur Drehbankwage durch den Support fortgeschoben; das Werkzeug hebt den Span nach einer Schraubenlinie ab, deren Steigung gleich dem gewählten Vorschub ist. Das Plandrehen umfaßt das Abdrehen ebener Flächen, z. B. der Stirnflächen von Naben oder Flanschen. Hier wird das Werkzeug senkrecht zur Maschinenachse, also radial zum Arbeitsstück vorgeschoben. Den Vorschub für das Lang- und Plandrehen muß die Drehbank selbsttätig bewirken; zu diesem Zwecke erhält der Support seine Bewegung von der Arbeitsspindel aus, von welcher durch Räder eine den Support verschiebende Spindel getrieben wird. Meist ist diese Spindel mit Gewinde versehen und heißt dann Leitspindel; manchmal stellt sie nur eine glatte, genutete Welle dar, die dann den Namen Zugspindel führt. Will man auf der Drehbank Gewinde schneiden, so ist eine Leitspindel erforderlich. Da sie sich in diesem Falle zur Arbeitsspindel in einem ganz bestimmten Verhältnis drehen muß, so müssen die oben genannten Antriebsräder auswechselbar sein und heißen daher Wechselräder. Um ein zu rasches Abnützen der Leitspindel, was ein mangelhaftes Arbeiten im Gefolge hätte, zu verhüten, rüstet man bessere Drehbänke meist mit Leit- und Zugspindel aus; die Leitspindel benutzt man dann nur zum Gewindeschneiden, während zu allen übrigen Dreharbeiten die Zugspindel dient.

Beim Schneiden eines Gewindes auf der Drehbank dreht sich der Gewindebolzen und der schneidende Drehstahl schiebt sich gleichzeitig vor. Auf diese Weise wird eine Schraubenlinie in den Bolzen eingegraben. Hat sich der Bolzen einmal gedreht, so hat sich ein Gang des Gewindes eingeschnitten. Der Vorschub des Drehstahles bei dieser einen Umdrehung ergibt die Ganghöhe oder die Steigung des Gewindes. Bei fortschreitendem Schneiden gräbt sich Furche an Furche ein und der Bolzen hat nach Fertigstellung zwei Durchmesser, den ursprünglichen Außendurchmesser des Bolzens und den neu entstandenen Innen- oder Kerndurchmesser. Der halbe Unterschied zwischen den beiden gibt die Gewindetiefe. Wie schon erwähnt, erfolgt die Uebertragung der Drehung von der Arbeitsspindel auf die Leitspindel durch auswechselbare Zahnräder, durch die sog. Wechselräder. Welches Drehungsverhältnis muß nun zwischen den beiden Spindeln jeweils bestehen? Die Antwort auf diese Frage gibt nachstehende Ueberlegung: Durch eine Umdrehung der Leitspindel bewegt sich der auf dem Support befestigte Drehstahl um eine Strecke, die gleich ist der Steigung der Leitspindel. Soll also das zu schneidende Gewinde eine kleinere Steigung erhalten als die Leitspindel, sollen mit anderen Worten bei dem zu schneidenden Gewinde mehr Gänge auf 1 Zoll kommen, als dies bei der Leitspindel zutrifft, so muß sich die Arbeitsspindel mit dem aufgespannten Werkstück so vielmal öfters drehen, als das Verhältnis der Gänge der Leitspindel und des zu schneidenden Gewindes angibt.

Da sich die Drehspindel öfters drehen muß, so ist auf sie ein kleines, auf die Leitspindel ein großes Rad aufzusetzen, deren Zähnezahlen in dem erwähnten Verhältnis zu einander stehen. Eine solche Uebersetzung nennt man eine e i n f a c h e ; die beiden Räder, also das Rad am Spindelstock und das Rad an der Leitspindel, werden hier durch ein b e l i e b i g e s Zwischenrad, das auf den Scherenbolzen gesteckt wird, miteinander verbunden. Dieses Zwischenrad ändert an der Umdrehungszahl der Drehspindel und der Leitspindel garnichts. Häufig tritt aber auch der Fall ein, daß man die Uebersetzung doppelt wählen muß; in diesem Falle kommen 4 Räder zur Verwendung, die alle 4 zusammen zu berechnen sind. Das erste Rad kommt auf den Spindelstock, dann zwei Räder auf eine gemeinschaftliche Büchse auf dem Scherenbolzen, und das letzte Rad auf die Leitspindel. Selten verwendet man dreifache Radübersetzungen. Soll das zu schneidende Gewinde eine geringere Anzahl von Gängen auf 1 Zoll erhalten als die Leitspindel, so kommt das große Rad natürlich auf die Arbeitsspindel, das kleinere auf die Leitspindel. Die Berechnungen der Wechselräder gestalten sich nun einfach, wenn man folgende Regeln beachtet:

Man schreibe die Anzahl der Gänge bzw. Steigung des zu schneidenden Gewindes stets über den Bruchstrich, die entsprechende Zahl der Leitspindel stets unter den Bruchstrich. Den erhaltenen Bruch erweitert man nun durch Multiplikation von Zähler und Nenner mit derselben Zahl derart, daß sich damit die Zähnezahlen zweier vorhanderner Wechselräder ergeben. Gelingt dies, so kommt man mit einer einfachen Uebersetzung aus, wenn nicht, so forme man den Bruch durch Erweitern und Zerlegen in zwei Brüche so um, daß man für jeden Bruch zwei vorhandene Zähnezahlen erhält. Der erste Bruch gibt dann das Rad am Spindelstock und das erste Rad am Scherenbolzen, der zweite Bruch das zweite Rad am Scherenbolzen und das Rad an der Leitspindel. Nicht übersehen darf man, daß die erhaltenen Zähnezahlen umgekehrt zu verwenden sind; die Zähnezahl unter dem Bruchstrich gilt für das Rad am Spindelstock, die über dem Bruchstrich für das an der Leitspindel. Wir werden im Laufe unserer Bändchen Gelegenheit finden, solche Beispiele durchzurechnen.

Nicht unerwähnt darf hier bleiben, daß man heute manches Stück, das man früher auf der Drehbank selbst herstellte, vorteilhafter auf Lager hält. Hierher gehören z. B. die Kolbenbolzen, die man nur noch in besonderen Fällen selbst herstellen wird. Sonst hält man sich ein Lager in den vorgeschriebenen Typen. Um dieses bei der großen Zahl von Sorten und Größen und Uebergrößen in Durchmesser und Länge nicht allzu reichlich gestalten zu müssen, hält man „A t e"-K o l b e n b o l z e n s t ä b e vorrätig, die fix und fertig gehärtet und geschliffen sind. Von ihnen kann die Reparaturwerkstätte die Bolzen in der jeweils erforderlichen Länge abtrennen, so daß man im Lagerbestand auf die Länge der Bolzen keine Rücksicht mehr zu nehmen braucht. Man kommt so mit ca. 40 Größen von Kolbenbolzenstangen durch, während man sonst mindestens 200 Sorten von Bolzen auf Lager legen müßte. Auf die Abtrennarbeit kommen wir an späterer Stelle zu sprechen.

Kehren wir nach diesen, dem Leser sicher nicht unangenehmen Abschweifungen zu unseren Maschinen zurück.

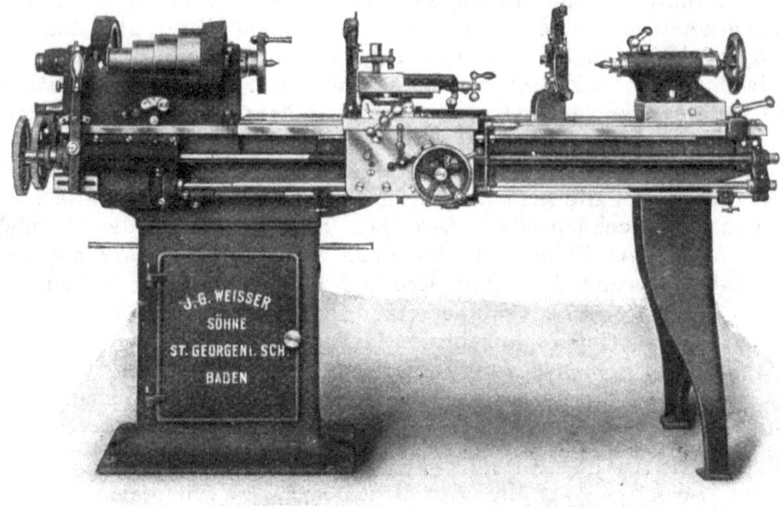

Abb. 1

In unserer Abb. 1 zeigen wir dem Leser eine Präzisions-Leitspindel-Support-Drehbank mit 150 mm Spitzenhöhe von der Werkzeugmaschinenfabrik J. G. Weisser Söhne, St. Georgen im Schwarzwald.

Die Wangen dieses Drehbanktyps sind amerikanischer Konstruktion mit drei Prismen; die abnehmbare Brücke füllt die Aussparung der Kröpfung vollkommen aus, wodurch der Support volle Führung bis an den Spindelstock erhält und die Lünette bis an die Spitze gebracht werden kann. Der Spindelstock ist sehr lang und kräftig gebaut. Die Arbeitsspindel ist aus Gußstahl, auf 24 mm Durchmesser ganz durchgebohrt, gehärtet und geschliffen, läuft in langen, nachziehbaren zylindrischen außen konischen Stahlphosphorbronzebüchsen und ist am Ende mit Spezialkugeldrucklager versehen. Die Räderübersetzung ist exzentrisch ein- und ausrückbar und mit Schutzhaube versehen. Die Steuerung liegt im Inneren des Spindelstockes und wird vom Support aus bedient. Die Auslösung des Längszuges des Supports beim Drehen oder Gewindeschneiden kann automatisch erfolgen durch Einstellung der Anschläge. Eine weitere neue Einrichtung ist im Spindelstock getroffen: Die Schaftwelle wird direkt von der Steuerung aus angetrieben und zwar zwangsläufig. Vorn an der Wange ist ein Stufenräderkasten angebracht, dessen Räder direkt von der Steuerungswelle angetrieben werden. Ein Hebel dient zur Einstellung des gewünschten Vorschubes des Supports beim Lang- und und Planzug. Der Hebel kann nach rechts und links bewegt werden, so daß fünf verschiedene Support-Vorschübe auf eine Spindelumdrehung erzielt werden können, und zwar: 0,12, 0,17, 0,24, 0,33, 0,48 mm. Der Supportschlitten hat lange Führung und kann mittels Handrad an der Zahnstange rasch hin und her bewegt werden. Das

Drehbarteil ist mit Gradeinteilung versehen und wird mit 2 Schrauben auf dem Querschlitten festgezogen. Der Mutternkasten (Schürze) ist mit Getriebe für Lang- und Planzug durch Schaftwelle, sowie mit Stahlphosphorbronzemutter zum Gewindeschneiden mittels der Leitspindel versehen; keine dieser Einrichtungen kann gleichzeitig mit einer andern in Tätigkeit kommen, da hier eine Verriegelung stattfindet. Wie schon oben erwähnt, befindet sich rechts an der Schürze der Steuerungshebel für den Rechts- und Linkslauf des Supports, während das Arbeitsstück immer die Drehrichtung beibehalten kann; es ist daher für leichtere Arbeit ein Umsteuern des Vorgeleges nicht erforderlich. Der Reitstock kann durch Schraubensipndel zum Konischdrehen verstellt werden. Die Lünetten sind amerikanischer Konstruktion mit verstellbaren Backen. Die 21 Wechselräder, mit welchen alle normalen Millimeter- und Whitworth-Gewindsteigungen erzielt werden können, sind größtenteils im Kastenfuß in bestimmten Fächern untergebracht. Diese Drehbänke werden gegen entsprechenden Mehrpreis auch mit Einrichtung für elektrischen Antrieb ausgeführt.

Abmessungen und Gewichte:

Spitzenhöhe	150	mm
Spitzenentfernung	1000	„
Wangenlänge	1935	„
Wangenbreite	275	„
Durchgang in der Kröpfung für Stücke bis Durchmesser	500	„
Breite der Kröpfung von der Planscheibe ab	140	„
Durchgang über der Wange für Stücke bis Durchmesser	320	„
Durchgang über dem Support für Stücke bis Durchmesser	225	„
Stahlhöhe	20	„
Durchmesser der Planscheibe	300	„
Durchmesser des vierstufigen Spindelkonus	185/150/115/80	„
Breite dieser Stufen	64	„
Räderübersetzung am Spindelstock	1 : 9	„
Spindelbohrung	24	„
Durchmesser des Spindelgewindes (Gewindekopf)	44	„
Steigung des Spindelgewindes	3	„
Größte Bohrung der Zangen	14	„
Spitzen-Normal	Millimeter-Konus	Nr. 2
Leitspindelsteigung	2	mm
Supportvorschübe per Spindelumdrehung	0,12, 0,17, 0,24, 0,33 0,48	„
Größte Drehlänge mit Konuslineal	400	„
Fest- und Losriemenscheibe am Deckenvorgelege	260×150	„
Breite des Antriebriemens	70	„
Umdrehungen des Deckenvorgeleges per Minute	240 oder 315	
Kraftbedarf	rd. 1	PS
Erforderliche Bodenfläche	2050×700	mm
Raumbedarf für Ueberseekisten	1,4	cbm

Gewichte unverpackt	rd	kg	700
in Landpackung	„	„	780
in Seekistenpackung	„	„	880
Mehrgewicht der Einrichtung für elektr. Antrieb	„	„	50

Normal-Zubehör:

1 Satz = 21 Stück gefräste Wechselräder
1 Gewindeschneidetabelle für Millimeter- und Zollsteigungen
1 Universal-Planscheibe mit 4 abgestuften Kloben mit Stahlspindeln
1 Planscheibe ohne Kloben mit Schlitzen und Löchern
1 Mitnehmerscheibe
1 Spitze in die Spindel
1 Spitze in den Reitstock
1 feststehende Lünette
1 mitlaufende Lünette
1 Anschlag auf Gewindeschneiden
1 Anschlag für den Wangenschlitten
1 Satz Schlüssel
1 Deckenvorgelege

Der Preis einer flachen *Präzisions-Leitspindel-Drehbank* beläuft sich auf ca. Rm. 1850.

Die Preise größerer Bänke mit Spitzenhöhen von 200 bis 214 mm stellen sich wie folgt:

200/214 mm Spitzenhöhe:	Drehlänge:	1000 mm	1500 mm
	Preis ca.:	2900 RM.	3000 RM.
	Drehlänge:	2000 mm	2500 mm
	Preis ca.:	3200 RM.	3300 RM.

Mit *Nortongetriebe*, das mittels einfacher Hebel- und Griffrad-Stellung ohne Räderwechsel die meisten Uebersetzungen erreichen läßt, stellen sich die Preise wie folgt:

200/214 mm Spitzenhöhe:	Drehlänge:	1000	1500	2000	2500 mm
	ungef. Preis RM.	3000	3200	3300	3450 „

Unentbehrlich sind für Reparaturwerkstätten *Bohrmaschinen*. Wo elektrische Kraft vorhanden ist, und das ist ja heute fast überall der Fall, können *elektrische Bohrmaschinen* nicht genug empfohlen werden.

Zum Bohren kleinster Löcher benutzt man naturgemäß ganz leichte Werkzeuge, denn die feinen Spiralbohrer dulden kein schweres Gewicht in der Hand des Arbeiters. Man benützt für solche leichte Arbeiten die sog. *Stielbohrmaschinen* als Ersatz der früheren Drillbohrer und arbeitet dabei teils mit der Geschwindigkeit der kleinen Motorwelle, teils mit Zahnradübersetzungen. Für größere Leistungen werden die Handbohrmaschinen mit Zuspannvorrichtungen versehen, durch deren Spindeldruck der Vorschub des Bohrers erfolgt. Für Reparaturwerkstätten empfiehlt sich eine Type von Handbohrmaschinen mit *mehreren umschaltbaren Geschwindigkeiten*, um Löcher von verschiedenen Durchmessern mit ein und derselben Maschine bohren zu können. Die *Firma C. & E. Fein* bringt da eine Type NS. auf den Markt, die drei Bohrdrehzahlen ermöglicht.

Diese werden ja nach Bedarf auf einfache Weise durch Drehung des Bohrkopfes eingestellt. Um die hohe Umdrehungszahl des Motors der Handbohrmaschine zum Schleifen, Polieren und ähnlichen Arbeiten auszunützen, kann das Collektorlager derselben mit einer Sonderausführung zum Anschluß einer biegsamen Welle versehen werden, an welche die verschiedensten Endstücke angeschlossen werden können. Das Verwendungsgebiet der Maschine wird dadurch wesentlich erweitert. Unsere Abb. 2 zeigt eine Fein-Handbohrmaschine mit biegsamer Welle; das Endstück bildet eine Schleifscheibe. Besonders beliebt geworden sind die Hängmotoren mit biegsamen Wellen; sie werden in Reparaturwerkstätten besonders verwendet zum Abschleifen von Schweiß- und Lötstellen, zum Abgraten von Gußstücken, zum Ausschleifen von Gesenkstücken, zum

Abb. 2. Handbohrmaschine (C. u. E. Fein)

Schleifen von Messern aller Art etc., zum Polieren, Fräsen u. a. m. Bei Verwendung eines Bohrfutters können auch Bohrarbeiten ausgeführt werden. Der Motor eignet sich für Gleichstrom und Wechselstrom gleich gut und kann daher an jede Lichtleitung angeschlossen werden. Unsere Abb. 3 zeigt einen Feinschen Aufhängemotor mit Aufhängebügel und angebautem Schalter, Abb. 4 einen

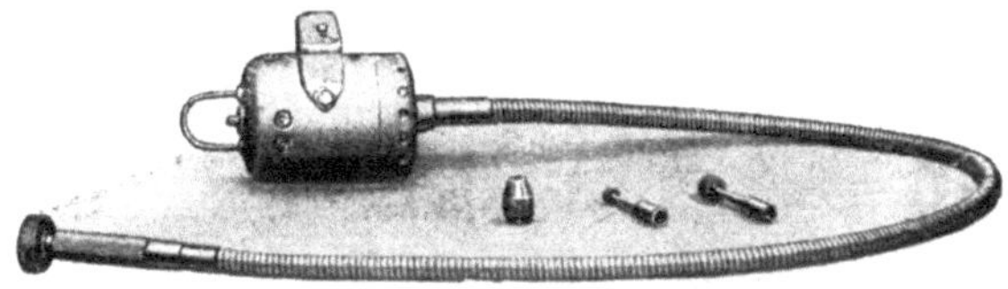

Abb. 3. Aufhängemotor mit biegsamer Welle

solchen mit Zugschalter und Laufrolle; durch eine entsprechende verlegte Schiene kann der Motor an jede erforderliche Stelle in der Werkstatt geführt werden. In kleineren Betrieben wird man sich zur Handbohrmaschine noch einen einfachen Bohrtisch anschaffen; auf diesen kann die Handbohrmaschine aufmontiert werden, so daß eine Tischbohrmaschine entsteht. In besseren Betrieben schafft man neben den Handbohrmaschinen auch eine Tisch- oder Säulenbohrmaschine an, wie dies unsere Abb. 5 veranschaulicht. Durch den engen Zusammenbau von Motor und Maschine wird ein äußerst ruhiger Gang und ein präzises Bohren erzielt. Durch Auswärtsdrehen der Bohrtische können bei der großen Ausladung der Maschinen auch sperrige Stücke an die Maschine gebracht werden. Einen bedeutenden Vorteil bietet hierbei die bedeutende Kraftersparnis gegenüber dem schwerfälligen Transmissionsantrieb.

Wo keine elektrische Kraft vorhanden ist, da wähle man eine einfache Bohrmaschine für Transmissionsbetrieb von stabiler Bauart. Man verlange Gewähr für größte Genauigkeit. An der Maschine soll eine Bohrtabelle angebracht sein, damit dem Arbeiter die Wahl der zweckmäßigen Tourenzahl erleichtert wird.

Außer den erwähnten Handschleifmaschinen wird man evtl. auch einen elektrischen Schleif- und Polierbock anschaffen, an dessen bei-

den Wellenseiten Schleif- und Polierspitzen aufgesetzt werden; diese Böcke sind zum Werkzeugschleifen seitlich mit Auflagewinkeln oder mit einer Spiralbohrschleifvorrichtung versehen.

Abb. 6. Schleifmaschine (I. G. Weisser & Söhne)

Eine einfache Schleifmaschine für Transmissionsbetrieb geben wir in Abb. 6 wieder. Diese Schleifmaschine eignet sich zum Schleifen von Werkzeugen aller Art sowie von kleineren Werkstücken. Die Spindel sowie die Leerscheibe laufen auf Kugellager, wodurch ein äußerst leichter Gang und dadurch große Durchzugskraft erzielt werden. Die Maschine wird normal mit Trockenschleifeinrichtung geliefert; auf Wunsch kann sie auch mit einer Naß- und einer Trockenschleifeinrichtung ausgestattet werden. Die Abmessungen gibt nachstehende Tabelle:

Durchmesser und Breite der Schleifscheiben	mm	200×30
Durchmesser der Spindel zwischen den Flanschen	,,	20
Durchmesser der Flanschen	,,	80
Höhe vom Werktisch bis Mitte Spindel	,,	175
Entfernung zwischen den Schleifscheiben	,,	330
Spindelumdrehungen in der Minute		2500
Durchmesser und Breite der Fest- und Losscheibe	mm	80×42

Gewicht ohne Schleifscheiben unverpackt rd. kg. 30, verpackt rd. kg. 40

Der Preis einer solchen Maschine beträgt ca. 140 Rm.

Für Innenschleifarbeiten empfiehlt sich die Verwendung eines

Abb 7.

Supportschleifmotores, dessen Schleifscheibe entweder direkt mit der Motorwelle gekuppelt ist (Abb. 7) oder durch Riemen betrieben wird (Abb. 8 und 9). Besonders vorteilhaft ist die Ausführung nach Abb. 9, wo die Schleifscheibe durch einen auf dem

Abb. 8

Abb. 9

Schleifbock montierten Motor angetrieben wird. Durch Auswechseln der Spindel und der Antriebsscheibe lassen sich mit diesen Apparaten auch präzise Innenschliffe, also z. B. das Ausschleifen von Zylindern, durchführen.

Auf Universalschleifmaschinen und ebenso auf Spezialschleifmaschinen kommen wir in einem späteren Bande zu sprechen.

Von Wichtigkeit ist für kleinere Betriebe eine Handspindelpresse von ca. 1 m Spindelhöhe und einer Tischgröße von 50/100 cm. Man benötigt diese zum Heraus- und Hineinpressen von Lagern, Buchsen, Bolzen etc., ferner aber auch zum Ausrichten schlagender Wellen. Man empfiehlt zwar sehr häufig zum Ausrichten von Wellen die Drehbank; wer jedoch diese Arbeit kennt, der weiß auch, daß man solchen Arbeiten seine Drehbank vorzeitig ruiniert. Eine solche Spindelpresse kann man sich übrigens mit Hilfe einer guten Drehbank ohne erhebliche Kosten selbst herstellen.

Unentbehrlich ist für eine Reparaturwerkstätte ein fahrbarer Kran zu Reparaturarbeiten an Motoren. Erwünscht ist eine kleine, einfache Fräsmaschine mit horizontaler Frässpindel. Man benötigt Fräsdorne von verschiedenen Durchmessern zum Aufspannen von größeren und kleineren Fräsern, ferner einen Parallelschraubstock mit Rundplatte zum Aufspannen des Werkstückes. Vorteilhaft ist es, wenn dieser Schraubstock drehbar ist, um auch geneigte Flächen fräsen zu können. Von Wichtigkeit ist ein Teilkopf mit schwenkbarer Spindel und ein Höhenreitstock. Als Fräser kommen in betracht: Schaftfräser, Nutenfräser, Walzenfräser, Scheibenfräser und Winkelfräser.

Kräftige Parallelschraubstöcke und Stockschraubstöcke werden oft schon vorhanden sein; wenn nicht muß man sich solche beschaffen.

Abb. 10. Hebelschere mit langen Messern (Maschinenfabrik Weingarten)

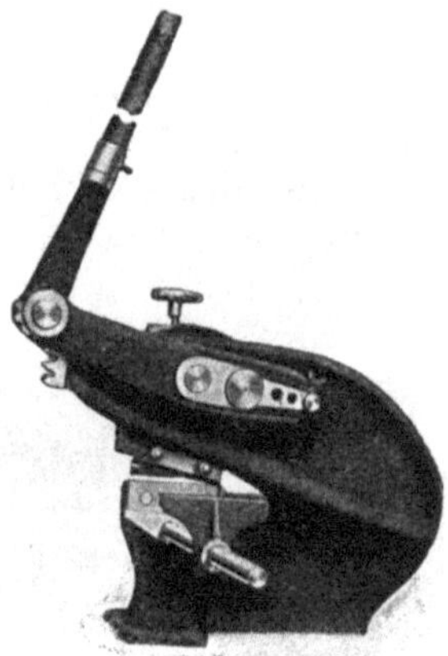

Abb. 11. Einfache Hebelschere (Maschinenfabrik Weingarten)

Nicht übersehen darf man, daß man in ländlichen Reparaturwerkstätten auch einige Blechbearbeitungsmaschinen besitzen muß, wenigstens eine gute Blechschere und eine ausreichende Stanze. Zum raschen Durchschneiden großer Blechtafeln geringer Blechstärken benützt man vorzugsweise die in Abb. 10 dargestellte Hebelschere mit langen Messern. Mit dieser Schere können Bleche bis 6 mm infolge der sehr langen Messer außerordentlich rasch geschnitten werden. Diese Schere ist deshalb für Werkstätten, in denen viel schwächeres Blech zur Verarbeitung kommt, ganz besonders zu empfehlen. Die einfache Hebelschere nach Abb. 11 dient ebenfalls zum Durchschneiden ganzer Blechtafeln in jeder Länge und Breite und zum Schneiden von Flacheisen. Sie besitzt eine einfache Zahnhebelübersetzung und gestattet das Durchschneiden ganzer Blechtafeln bis zu einer Stärke von 10 mm. Auf dieser Schere lassen sich auch Rund- und Vierkanteisen schneiden. Zu letzterem Zwecke sind besondere Profilmesser eingebaut. Um Blechstreifen oder Flacheisen in gleicher Länge zu schneiden, besitzt sie einen besonderen Anschlag, der je nach Materiallänge eingestellt werden kann. Um ein Zusammenfedern und Festklemmen des Bleches beim Durchschneiden zu verhindern, ist die Schere mit einer selbsttätigen Blechauseinanderhaltung versehen. Zum Festhalten der Bleche während des Schnittes hat die Schere einen Blechniederhalter, der sich auf die ganze Messerlänge erstreckt. Blechtafeln und Flacheisen größerer Dicke werden vorzugsweise auf Hebelblechscheren mit Schaltradübersetzung geschnitten, wobei je nach der Blechstärke mit oder ohne Uebersetzung gearbeitet werden kann. Eine solche Schere eignet sich auch zum Abschneiden von Stabeisen und ist daher auch mit einer Rund- und Vierkanteisenschere versehen.

Als weitere wichtige Maschinen für die Reparaturwerkstätten sind die Stanzen zu erwähnen. Unsere Abb. 12 zeigt eine Hand-

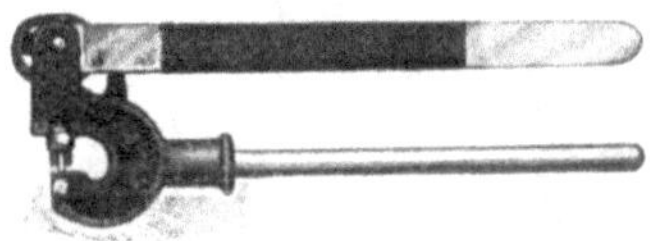

Abb. 12. Handlochstanze

lochstanze, Abb. 13 eine Duplex-Lochstanze, welche zum Einspannen in den Schraubstock sehr geeignet sind. Sie eignen sich auch zum Lochen von Flanschen an U- und I-Eisen. Abb. 14 stellt eine Duplex-Lochstanze dar, die sich besonders zum Einlegen hochflanschiger U- und I-Eisen eignet. Abb. 15 zeigt eine

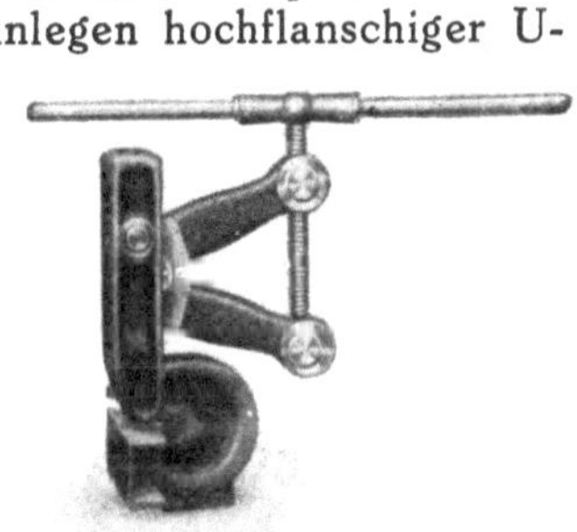

Abb 13

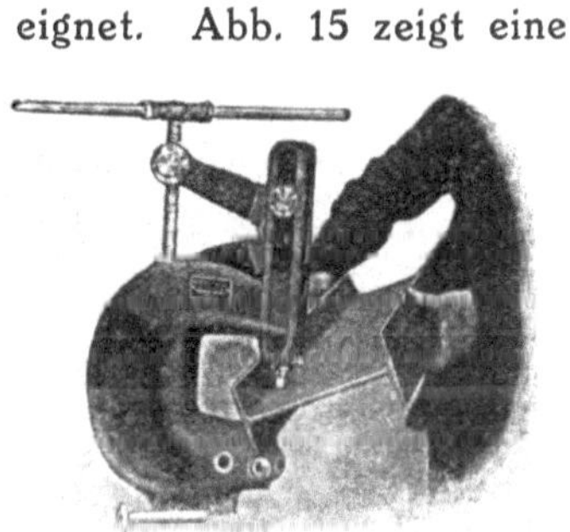

Abb. 14

Duplexlochstanzen

Hebel-Rohrlochstanze, wie sie zum Lochen von Ringen, Gefäßen und Rohren in Frage kommt. Wie die Blechscheren, so werden auch die Lochstanzen ohne und mit Uebersetzung ausgeführt.

Unentbehrlich für eine Reparaturwerkstatt ist auch eine Kaltsägemaschine; es empfehlen sich besonders die schnell laufenden „Fortuna"-Kaltsägemaschinen. Bei einfachen Bügel-

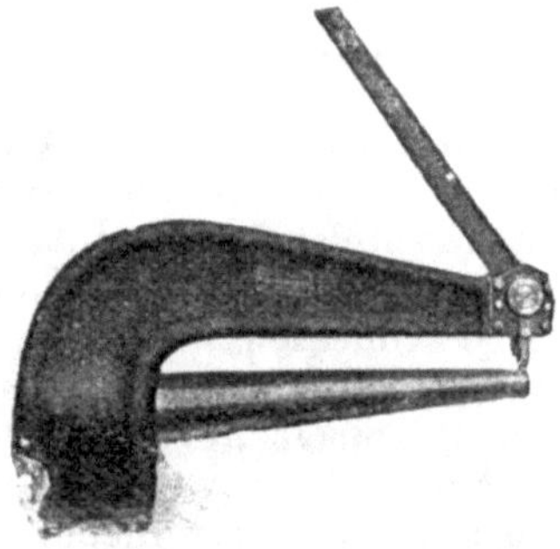

Abb. 15. Hebelrohrlochstanze

Kaltsägen wird das Sägeblatt einseitig abgenützt, weil der Schwerpunkt des Sägebügels am Ende des Hubes viel weiter von der Drehachse der Bügelführung ausladet als am Anfang, und das Moment des Bügelgewichtes sich mit dem Fortschreiten des Hubes vergrößert. Der Gewichtstein, der dem Bügel aufgesetzt wird, verstärkt diese Wirkung. Für die Lebensdauer des Sägeblattes ist es aber wichtig, seine Belastung während des ganzen Schnittes möglichst gleich stark zu

Abb. 16. Fortuna-Kaltsägemaschine

halten. Durch Gegenläufigkeit eines Gewichtes wäre dieses Ziel am vollkommensten, aber nur mit Hilfe eines die Maschine verteuernden Mechanismus zu erreichen. Bei der im Bild 16 dargestelten Maschine wird eine angenähert gleiche Druckstärke mit einfachsten Mitteln erreicht. Ueber dem Sägebogen, ungefähr gleichlaufend mit seiner Führung, ist ein Lineal angeordnet, das um einen in der Quersymmetrieebene des Führungschlittens wagrecht gelagerten Zapfen schwingt und mit einem gleichfalls um eine wagerechte Achse schwingenden Gleitschuh sich auf dem mit der Führung gleichlaufenden Rücken des Bügels, der als Schiene ausgebildet ist, stützt. Mittels eines auf diesem Lineal verschiebbaren und festklemmbaren Steines kann die Belastung des Sägeblattes seiner Abnützung oder der Härte des Werkstückes angepaßt werden. Das Eigengewicht des Bügels ist unter Wahrung der erforderlichen Festigkeit durch I-förmige Querschnitte auf ein Mindestmaß zurückgeführt, und auch das Gewicht der Führung ist durch Aussparungen nach Möglichkeit verkleinert. Dadurch, daß der Druck auf die arbeitende Stelle während des ganzen Hubes annähernd gleich bleibt und in der Stärke des Blattes nicht auf eine am Ende des Hubes übermäßig hohe Belastung Rücksicht genommen werden muß, ist es ermöglicht, mit einem dünnen Sägeblatt auszukommen. Dies ist insbesondere da von Wert, wo viele kurze Stücke geschnitten werden sollen, denn dem geringen Blatte entspricht ein geringer Werkstoffverlust. Unterstützt wird die erhöhte Schnittleistung wesentlich durch die Kühlung, die ein schnelles Arbeiten der Säge (erhöhte Umdrehungszahl) erlaubt und zugleich die Späne aus den Zähnen und aus der eingesetzten Nut herauswäscht, wodurch wieder das Blatt geschont und seine Lebensdauer verlängert wird. Eine Rotationspumpe wird mittels Rundriemens von der als Schnurscheibe ausgebildeten Kurbelscheibe aus angetrieben und drückt das Kühlmittel durch eine Rohrleitung zur Arbeitsstelle. Der Sägebogen ist mit Tropfnasen versehen, und eine am Bett angeschlossene Schale, unterstützt durch ein in ihrer Verlängerung angebrachtes Spritzblech, nimmt die Flüssigkeit auf und

AEG K 7351

Abb. 17. Schmiedefeuergebläse (A E G)

leitet sie durch ein Rohr in den Sammelbehälter, der auf den die Füße des Bockgestelles verbindenden Ankerstangen, zum Zweck der Reinigung leicht abnehmbar, befestigt ist. Querrippen in der Schale, sowie eine obere und eine untere Querwand im Sammelkasten, sorgen für das Zurückhalten von Spänen und mitgerissenen Schwimmkörpern. Diese Maschine wird auch für elektrischen Antrieb geliefert.

Sehr zu empfehlen für Reparaturwerkstätten sind elektrische Schmiedefeuer-Gebläse. Die neuen preiswerten AEG.-Schmiedefeuer-Gebläse Abb. 17 sind von besonders kräftiger einfacher Bauart bei hoher volumetrischer Leistung und werden je nach Größe der Düsenöffnung der Schmiedefeuer zur Betätigung von 1 bis 5 Feuerstellen geliefert. Die Antriebsmotoren sind vollkommen geschlossen und kugelgelagert; sie bedürfen bei größter Betriebssicherheit keiner Wartung. Das gußeiserne Gehäuse des Gebläses ist am Flansch des Motors derartig befestigt, daß die Ausblaseöffnung nach vier verschiedenen Richtungen einstellbar ist. Das Flügelrad ist auf die Welle des Motors direkt ohne jede weitere Lagerung aufgesetzt. Aufstellung und Einbau können bei geringem Platzbedarf an jeder be-

Abb. 18
Schmiedefeuer-Gebläse (A E G)

liebigen Stelle, selbst unmittelbar in der Nähe des Feuers erfolgen. Für den zeitgemäßen wirtschaftlichen Einzelbetrieb ist die kleinste Ausführung Größe I (Abb. 18) besonders geeignet. Das Gebläse fördert 1,1 cbm/min bei einer statischen Windpressung von 115 mm WS und reicht bei einem Düsen-Durchmesser von 25 mm selbst zur Bearbeitung von Stücken mittlerer Stärke vollkommen aus. Zum Antrieb finden Universalmotoren Verwendung, die wahlweise an die Lichtleitung eines Gleich- oder Wechselstrom-Netzes angeschlossen werden können.

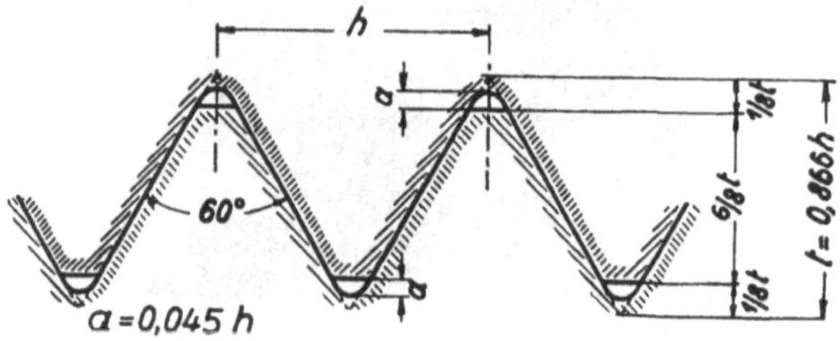

Abb 19. Schema des S I-Gewindes
Tischbohrmaschine (C. u. E. Fein)

An Kleinwerkzeugen benötigt man einen Satz Reibahlen von 5 mm steigend um je einen halben mm bis mindestens 20 mm; da ferner im Kraftfahrzeugbau das SI-Gewinde sich immer mehr einbürgert, so ist es notwendig, sich auch einen Satz SI-Gewindebohrer und SI-Schneidbacken anzuschaffen und zwar bis zu mindestens 16 mm, besser aber bis zu 24 mm. Das Schema des SI-Gewindes zeigt unsere Abb. 19.

Alles übrige Kleinwerkzeug ist meist schon vorhanden.

Unentbehrlich für eine Reparaturwerkstätte ist eine autogene-Schweißanlage; auf diese Einrichtung kommen wir im nächsten Abschnitt zu sprechen.

Die bauliche Anlage und Ausgestaltung einer Reparaturwerkstätte, die natürlich ganz von den örtlichen und persönlichen Verhältnissen abhängig ist, wird in einem späteren Band ausführlich behandelt. Hier sei nur bemerkt, daß die Maschinen nicht allzu nahe beieinander stehen dürfen, da sonst ein flottes Arbeiten gehindert wird. Die Maschinen und die Werkbänke finden an den Wänden entlang Aufstellung und die Montagegruben sind so anzuordnen, daß mit den Wagen zwischen diesen und den Werkbänken bequem hindurchgefahren werden kann und daß noch ein Wenden des Wagens möglich ist.

Wo elektrische Energie vorhanden ist, da wähle man für die Maschinen stets Einzelantrieb, zumal kaum anzunehmen ist, daß sämtliche Maschinen dauernd voll beschäftigt sind. Der Transmissionsantrieb ist aber für solche Fälle unwirtschaftlich. Natürlich muß man auch für eine ausreichende Beleuchtung und Heizung der Werkstatt räume sorgen, Fragen, auf die wir später eingehend zu sprechen kommen.

Teil II.

Moderne Arbeitsverfahren.

Wie am Ende des Teil I bemerkt, bildet eine autogene Schweißanlage eine unerläßliche Einrichtung für eine moderne Reparaturwerkstatt. Man benötigt eine solche Anlage:

a) zum Beheben von Brüchen, Sprüngen und Rissen;
b) zum Auftragen von Neumaterial auf abgenützte Teile wie Wellen, Zughaken u. dergl.
c) zur Oberflächenhärtung einzelner Teile;
d) zum Durchschneiden von Eisenteilen aller Art.

Es kommen für eine Reparaturwerkstatt folgende Systeme in Frage:

1. Man entwickelt das gebrauchte Acetylen aus Carbid oder aber aus Beagid in einem eigenen Entwicklungsapparat selbst;
2. man bezieht Flaschen-Acetylen, sog. Acetylen-Dissous;
3. man verwendet zum autogenen Schweißen, Schneiden und Hartlöten ein Gemisch von Benzoldämpfen und Sauerstoff.

Den zu jeder Schweißmethode erforderlichen Sauerstoff bezieht man in den bekannten Stahlflaschen, in der er als Gas auf 150 at verdichtet eingepreßt wird. Die Flaschen sind vor Erwärmung jeder Art zu schützen, ebenso vor Stoß, Schlag und Fall. Zu Schweißarbeiten muß der Druck des Sauerstoffes reduziert werden, er wird daher vor seiner Verwendung durch ein Druckminderungsventil geleitet. Flaschenventil und Druckminderungsventil sind stets nur ganz langsam zu öffnen. Da sich reiner Sauerstoff mit Fetten und Oelen sehr rasch verbindet, so daß fast augenblicklich eine Entzündung auftritt, muß von den Flaschen- und Reduzierventilen jegliches Oel und Fett, ja sogar jede Spur hiervon peinlichst ferngehalten werden. Der Preis des Sauerstoffes beträgt pro cbm ca. 70 Pfg. eine Normalflasche hat einen Rauminhalt von 40 cbdm, also einen Sauerstoffinhalt von 40×150 = 6000 cbdm = 6 cbm. Der Preis einer Normalflasche beträgt daher ca. 4,20 RM.

Will man das zum Schweißen benötigte Acetylengas selbst entwickeln, so muß man sich einen Entwicklungsapparat anschaffen. In einem solchen Apparat wird aus Kalciumkarbid und Wasser Acetylengas erzeugt. Das Karbid kommt in Blechtrommeln in verschiedenen Körnungen auf den Markt; es ist von Wichtigkeit, daß man die für seinen Apparat empfohlene Körnung verwendet. Da das Karbid eine lebhafte Neigung hat, sich mit Wasser und auch mit dem Wasserdampf der Luft zu verbinden, so muß es trocken aufbewahrt und die Büchsen müssen verschlossen gehalten werden. An Apparaten kommen zahlreiche Konstruktionen auf den Markt und es ist sehr bedauerlich, daß auf diesem Gebiet ein Konkurrenzkampf tobt, der sehr häufig über faire Grenzen hinausgeht. Wir möchten zu der Systemswahl nur sagen, daß wir im Interesse der Güte der Schweißung für die Reparaturwerkstatt einen Apparat verlangen müssen, der ein möglichst kühles und trockenes Gas liefert und der gegen Explosionen ausreichende Sicherheit bietet. Im allgemeinen wird jedes Apparatsystem von unseren anerkannten Firmen — der Leser findet solche im Inseratenanhang — befriedigen. Voraussetzung hierfür ist allerdings fachgemäße Behandlung des Apparates und ein fachkundiges Arbeiten. Das autogene Schweißen will ebenso gelernt sein, wie z. B. das Arbeiten auf der Drehbank. Jeder Entwicklungsapparat muß mit einem Reiniger und einer Wasservorlage ausgestattet sein. Der Reiniger hat den Zweck, aus dem Gas chemische Verunreinigungen, insbesondere Phosphorwasserstoff zu entfernen. Mechanische Verunreinigungen werden durch Siebe zurückgehalten. Die Wasservorlage stellt eine behördlich vorgeschriebene Sicherheitsvorrichtung dar; sie hat Flammenrückschläge vom Brenner nach dem Apparat aufzufangen und unschädlich zu machen, ebenso hat sie einen Uebergang vom Sauerstoff durch die Acetylenleitung in den Entwickler zuverlässig zu verhindern. Eine unzulängliche Wasservorlage oder aber eine unfachgemäße und nachlässige Bedienung dieser Sicherheitseinrichtung bedeutet eine Gefahr für die ganze Werkstatt. Ein Rücktritt von Sauerstoff, der gewöhnlich unter höherem Druck steht wie das Acetylen, wird bei gewöhnlichen Schweißbrennern hauptsächlich durch ein loses Einschrauben des Einsatzstückes begünstigt. Sehr zu empfehlen ist nach dieser Richtung der Schelske-Sicherheitsschweißbrenner, der auch bei losestem Sitz des Einsatzstückes einen solchen Uebertritt des Sauerstoffes in die Acetylenleitung verhütet. (Autogenwerk H. Schelske & Co., Berlin-Neukölln.)

Da Reparaturwerkstätten häufig auch Schweiß- und Hartlöt-Arbeiten außerhalb der Werkstätte, z. B. auf Bauernhöfen an Dreschmaschinen, Göpelwerken u. dergl. auszuführen haben, so erweist es sich außerordentlich vorteilhaft, wenn man über einen leichttransportablen Schweißapparat verfügt, sei es nun, daß dieser den einzigen Apparat der Werkstatt bildet, oder daß noch andere, größere Apparate vorhanden sind. Als sog. Montageapparate empfehlen sich besonders die Beagid-Apparate und die Benzol-Apparate.

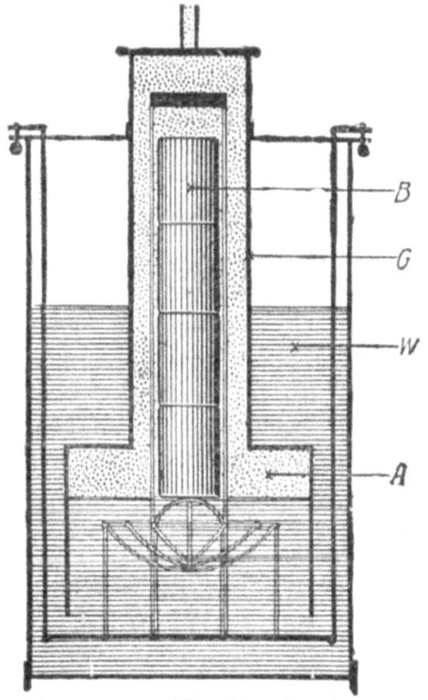

Abb. 20
Beagid-Apparat Schnitt

Beagid wird aus zerkleinertem Karbid und verschiedenen Zusätzen hergestellt; es kommt in gepreßten Patronen auf den Markt. Durch die Luftfeuchtigkeit zersetzt sich das Beagid weniger und seine Vergasung im Entwicklungswasser erfolgt langsamer und ruhiger als bei Karbid. Die Arbeitsweise der Beagid-Apparate erhellt aus Abb. 20.

a b c d
Abb. 21. Beagidapparat zerlegt

Das Wasser W dringt in die Gasglocke G, wo es bei Berührung mit den Beagidkörpern das Acetylengas A erzeugt und zwar in dem Maße, wie das Acetylen zum Gebrauch entnommen wird. Wenn die Gasentnahme aufhört, oder weniger Gas verbraucht wird, als gerade erzeugt wurde, dann drückt das überflüssige Gas das Wasser von den Beagidkörpern zurück, wodurch die weitere Gasentwicklung selbsttätig eingestellt wird. Durch wenige Handgriffe kann der Beagid-Apparat in seine vier Hauptbestandteile zerlegt werden, wie dies Abb. 21 veranschaulicht. Es bezeichnen:

a) den Wasserbehälter,
b) die Gasglocke,
c) das Gestell für die Beagid-Körper,
d) den Gasreiniger mit Wasservorlage.

Damit ist eine gründliche Reinigung des Apparates, die bei allen Acetylen-Entwicklern die Vorbedingung des guten Funktionierens ist, leicht zu bewerkstelligen. Die Inbetriebnahme ist genau so einfach. Nachdem das Beagid-Körpergestell mit Beagidkörpern versehen ist, wird die Gasglocke darüber gestülpt und beide Teile in den bis zum Wasserstandring gefüllten Wasserbehälter gedrückt. Gasreiniger und Gasvorlage werden mittels Schraubverbindung angeschlossen.

100 kg Beagid Sorte H 90 kosten ca. 37 RM.
100 kg Beagid Sorte H 70 kosten ca. 39 RM.

einschließlich Trommel, aber ausschließlich Fracht.

100 kg Karbid-Körnung $^{2}/_{4}$, $^{4}/_{7}$, $^{7}/_{15}$, $^{35}/_{50}$, $^{50}/_{85}$ kosten ca. 28 RM.
Körnung $^{25}/_{35}$ und $^{15}/_{25}$ . . . . kosten ca. 30 RM.

einschließlich Trommel, aber ausschließlich Fracht.

Ein Beagid-Apparat für eine Beagidfüllung von 2 kg (4 Beagidpatronen H 70 zu je ½kg) kostet ca. 90 RM.

Ein Beagid-Apparat für eine Beagidfüllung von 4 kg (4 Beagidpatronen H 90 zu je 1 kg) kostet ca. 110 RM.

Heute werden von der Herstellerin, Dr. Alexander

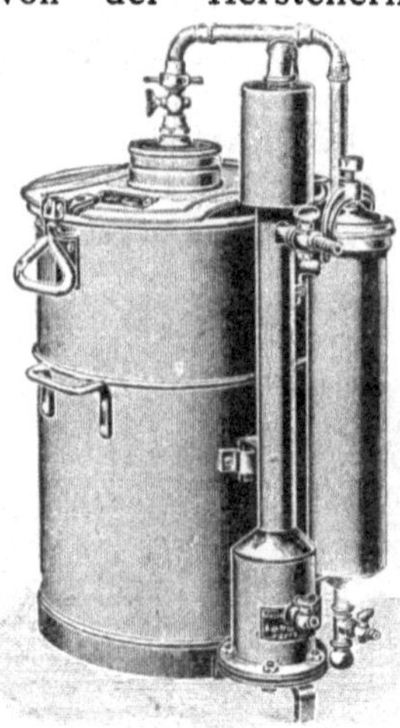

Abb. 22. Beagid-Apparat Ansicht

Wacker G. m. b. H. München, Prinzregentenstraße 20. auch Beagidapparate mit 8 kg Füllung auf den Markt gebracht. Die Ansicht eines betriebsfertigen Beagidapparates gibt Abb. 22. Naturgemäß können die Beagidapparate auch als Werkstattapparate dienen.

Sehr bewährt haben sich für solche „Ueberfeldarbeiten" auch die

Brennölschweißapparate, die sich aber natürlich ebenso für alle Arbeiten in der Reparaturwerkstatt eignen. Ihre Ausbildung zur praktischen Eignung erhielten sie durch den Berliner Ingenieur Ernst Fernholz. Die Herstellerin ist heute die Fernholz-Apparate A.-G., Berlin W 9, Potsdamerstr. 15. Der flüssige Brennstoff, in der Hauptsache kommt Benzol in Frage, wird einem Spezialschweißbrenner unter Druck zugeführt und verwandelt sich in diesem in Dampf. Dieser bildet dann mit Sauerstoff die leicht regelbare Schweißflamme, die sich auch zum Schneiden und Hartlöten vorzüglich eignet. Die Förderung des flüssigen Brennstoffes erfolgt mit Hilfe einer Luftpumpe, ähnlich wie bei den Lötlampen. Bemerkenswert ist die Schlauchzuführung; die Benzolleitung ist spiralförmig um den Sauerstoffschlauch nach einem besonderen Verfahren herumgelegt, so daß nur eine Leitung vorhanden ist. Diese Leitung ist gegen Stoß, Schlag und Druck durch Daraufstehen u. dergl. sehr widerstandsfähig. Die ganze Apparatur — unsere Abb. 23 zeigt eine komplette Anlage — ist leicht transportabel und kann bei Verwendung einer

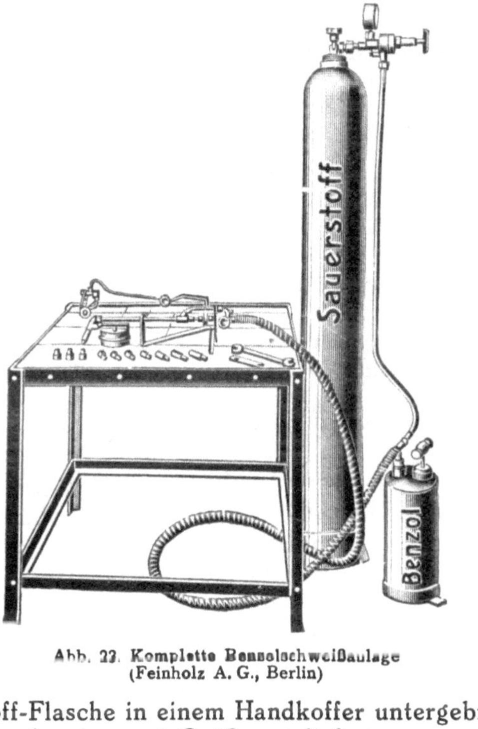

Abb. 23. Komplette Benzolschweißanlage
(Feinholz A. G., Berlin)

kleinen Sauerstoff-Flasche in einem Handkoffer untergebracht werden. Die Apparate werden in zwei Größen geliefert.

Der Preis des kleineren Typs beträgt ungefähr 180 RM.,
der Preis des größeren Typs beträgt ungefähr 350 RM.

Wie erwähnt, kann das Acetylen auch als Flaschenacetylen, als sog. Acetylen-Dissous bezogen werden. Es handelt sich hierbei nicht etwa um verflüssigtes Acetylen, wie vielfach angenommen wird, denn flüssiges Acetylen ist ein Explosivstoff, der nicht in den Handel gebracht werden darf. Das Flaschenacetylen stellt vielmehr ein in Aceton gelöstes Acetylen dar. Die Flaschen werden mit einer porösen Masse wie Kieselgur oder Holzkohle u. dgl. gefüllt; diese wird mit Aceton getränkt und dann wird hierin das fabrikmäßig hergestellte Acetylen unter Druck gelöst. Der höchst zugelassene Druck beläuft sich auf 15 at. 1 Liter Aceton löst pro at Druck ca. 24 l Acetylen; praktisch enthält eine Normalflasche bei 15 at Druck 6000 l gelöstes Acetylen. Das Flaschenacetylen bietet den Vorteil, daß es äußerst rein und kühl ist, so daß sich sehr gute Schweißungen mit ihm erzielen lassen. Es muß hierauf aufmerksam gemacht werden, daß bei einer Gasentnahme naturgemäß die oberen Teile der Füllung ihr Gas zuerst abgeben. Bei längerem Arbeiten läßt dann die Gaslieferung häufig nach und mancher glaubt, die Flasche sei leer. In Tatsache darf man aber die Flasche nur einige Zeit ruhig stehen lassen, bis in der Flasche durch die unteren Teile wieder ein Ausgleich geschaffen ist. Irrtümlich wandert so manche Flasche, die noch größere Mengen Gas enthält, als leer ins Füllwerk. Auf der anderen Seite soll man eine Flasche auch nicht bis zum äußersten entleeren, weil sonst gerne Acetondämpfe mitgerissen werden. Aus dem gleichen Grunde darf man auch eine Flasche nicht überlasten; bei größeren Arbeiten koppelt man zwei oder mehr Flaschen zusammen. Der Preis einer Normalflasche Acetylen Dissous beläuft sich auf ungefähr 18 bis 20 RM.

Bezüglich der Schweißbrenner sei hier nochmals nachdrücklichst darauf hingewiesen, daß sich da eine falsch angebrachte Sparsamkeit bitter rächt. Man kaufe nur Konstruktionen von anerkannten Spezialfirmen; es wird hier viel billiger Kitsch auf den Markt gebracht, mit dem auch der beste Schweißer keine guten Resultate erzielen kann. Die Schweiß- und Schneidbrenner stellen Präzisionsinstrumente dar, die man nicht um einige Mark liefern kann. Eine komplette Brennergarnitur kostet ca. 70 bis 80 RM.

Auf die praktische Ausführung von Schweißarbeiten hier des Näheren einzugehen, würde viel zu weit führen. Es erübrigt sich das aber auch, zumal jeder, der Schweißreparaturen mit Erfolg durchführen will, das Verfahren praktisch gründlich erlernt haben muß. Hierzu bieten die allerorts stattfindenden Schweißkurse reichlich Gelegenheit; besonders empfohlen seien die Kurse des Verbandes für autogene Metallbearbeitung, der in allen größeren Städten Ortsgruppen aufweist. Um den in den Kursen gewonnenen Kenntnissen die erforderliche Vertiefung und Beweglichkeit zu geben, empfiehlt sich das Studium eines guten Spezialbuches, das dann in der Praxis stets ein Berater sein wird. Wir beschränken uns hier auf eine Wiedergabe der wichtigsten Richtlinien. Man gewöhne sich daran, vor Beginn jeder Schweißarbeit die Anlage einer kurzen Prüfung zu unterziehen, insbesondere sehe man nach, ob die Wasservorlage richtig gefüllt ist und die Hähne nicht verstopft sind. Natürlich muß bei Prüfung der Wasservorlage der Haupthahn geschlossen sein. Auch prüfe man, ob das Einsatzstück am Brenner satt eingeschraubt ist. Das Flaschenventil öffne man nur langsam. Vor Entzündung der Flamme lasse man stets etwas Gasgemisch frei austreten. Die Flamme ist stets richtig einzustellen, d. h. es muß sich in der Flamme stets ein scharf abgegrenzter kleiner Kegel zeigen. Einige wenige Millimeter über den Kern liegt die eigentliche Schweißzone, diese ist auf die Schweißstelle zu richten. Jeder Acetylen- und jeder Sauerstoffüberschuß ist tunlichst zu vermeiden. Nur mit ruhigem, aber raschem Arbeiten erzielt man gute Resultate. Die Flamme muß während der ganzen Arbeit beobachtet und bei Bedarf durch die Brennerventile nachreguliert werden. Ebenso sorgfältig muß das Schmelzbad im Auge behalten werden; jede Oxydbildung, die sich durch ihre Färbung abhebt, muß durch die Flamme zerstört oder aus dem Bad hinausgeschoben werden. All diese Beobachtungen lassen sich nur zuverlässig machen, wenn man sich bei der Arbeit einer farbigen Schweißbrille (grüne Gläser) bedient. Jede Schweißfuge muß bis auf den Grund in Schmelzfluß gebracht werden; man schmelze daher mit der Flamme stets zuerst die untersten Partien; nur so läßt sich eine gute Durchschweißung erreichen. Stärkere Schweißfugen kreuzt man im Interesse einer Durchschweißung V-förmig aus; diese Auskreuzung darf aber nicht so weit getrieben werden, daß unten eine scharfe Kante entsteht. Diese würde beim Schweißen nur allzu gerne verbrennen; man kreuze daher nur auf $\frac{2}{3}$ oder $\frac{3}{4}$ der Stärke des Materials aus. Den Zusatzstab, mit dem man am besten Rührbewegungen ausführt, halte man stets in das Schmelzbad; wo man ein Schweißpulver benützt, ist er immer wieder in dieses zu tauchen. Zusatzmaterial darf natürlich nicht auf ungenügend erhitztes Material gelangen, da mit solchem eine Verbindung ausgeschlossen ist. Das richtige Zusatzmaterial erhält man heute in vorzüglicher Qualität im Handel, ebenso die Schweißpulver. In den meisten Fällen empfiehlt sich die Verwendung eines möglichst mit dem Grundmetall gleichartigen Zusatzmittels. Für Graugußeisen kommt ein siliciumreiches Zusatzmaterial zur Verwendung, um das beim Schweißen ausdampfende Silicium wieder zu ersetzen. Ein kleiner Aluminiumzusatz in Gußeisenschweißstäben erweist sich als sehr vorteilhaft. Wo bei Schweißarbeiten schädliche Spannungen zu befürchten sind, da muß das Schweißstück auf Rotglut erhitzt und in diesem Zustand die Schweißung durchgeführt werden. Nach erfolgter Schweißung wird das Werkstück nochmals geglüht und dann läßt man es langsam erkalten. So werden Spannungen verhindert, bzw. unschädlich gemacht. In den meisten Fällen läßt sich die Schweißnaht durch Abhämmern verbessern. Den Schweißbrenner führe man bei dünnen Blechen sehr flach, mit zunehmender Stärke ist er immer steiler zu führen. Sehr dünne Bleche falzt man zur Verschweißung, dünne bördelt man; stärkere Bleche schweißt man stumpf ohne oder mit Abschrägung. Bei langen geraden Nähten beginne man mit der Schweißung in der Mitte und schweiße nach den Enden zu. Heftstellen sind gleichmäßig und gleichzeitig von den beiden Enden her gegen die Mitte zu anzulegen. Flicken boult man vor der Aufschweißung aus; die einzelnen Schweißnähte an den Rändern des Flickens sind mit Unterbrechung auszuführen.

Bei Kupferschweißungen hat man vor allem darauf zu achten, daß die Wärme nicht „davonläuft", da eben Kupfer ein sehr guter Wärmeleiter ist. Es empfehlen sich Asbestunterlagen und auch Asbestauflagen zu beiden Seiten der Naht. Diese Asbeststücke wärme man vor und bestreue sie mit Schweißpulver. Dünne Bleche kann man ohne Schweißpulver schweißen, bei stärkeren Kupferblechen empfiehlt sich die Verwendung eines solchen, wenigstens für ungeübte Schweißer. Als Schweißpulver empfehlen sich bor- und phosphorhaltige staubfeine Pulver. Als Zusatzmaterial verwende man ein Elektroytkupfer mit geringem Phosphor- und noch geringerem Aluminiumgehalt. Zu empfehlen ist auch der bekannte Canzlerdraht, der außer Phosphor noch Silber enthält. Der Brenner muß so geführt werden, daß die Flamme senkrecht auf das Werkstück trifft. Die Nachbarzonen der Schweißnaht erwärmt man bei stärkeren Stücken mit Hilfe eines zweiten Brenners. Die Flamme darf weder Acetylen- noch Sauerstoffüberschuß aufweisen. Durch Abhämmern, Ausglühen und Abschrecken verbessert man eine Kupferschweißnaht. Messingstücke schweißt man am vorteilhaftesten mit reichem Sauerstoffüberschuß. Die Schweißstäbe sollen bei Messing ebenfalls einen geringen Aluminiumzusatz enthalten. Auch hier verbessert ein Abhämmern und Ausglühen der Naht die Schweißung, ein Abschrecken ist aber zu unterlassen. Bronzestücke schweißt man mit Kupferschweißpulver; als Zusatzstäbe empfehlen sich die „Kobusko-Stäbe". Die Naht wird ausgeglüht und abgeschreckt.

Große Schwierigkeiten bereitet dem Schweißen das Aluminium und doch kommt für eine einwandfreie Verbindung von Aluminiumteilen nur eine gleichmäßige Verschmelzung in Frage, wie sie das Schweißen gewährleistet. Jede Aluminiumschweißung erfordert aber unbedingt die Anwendung eines geeigneten Schweißmittels, da das sich stets bildende Aluminiumoxyd einen sehr hohen Schmelzpunkt (3000 Grad C) hat und an der Schweißoberfläche ein sehr widerspenstiges Häutchen bildet. Dieses Aluminiumoxyd verhindert aber eine dauernde, haltbare Verbindung an der Schweißstelle, und eine solche ist nur zu erreichen, wenn an der zu verbindenden Stelle unter Ausschluß von Aluminiumoxyd eine direkte Vereinigung des metallischen Aluminiums bewirkt wird. Die Zerstörung des Aluminiumoxydes gelingt aber nur mit Hilfe eines geeigneten Schweißpulvers, und als solche haben sich eben bis jetzt nur ganz wenige bewährt. Selbst wenn auch die Temperatur einer Schweißflamme eine größere ist als die Schmelztemperatur des Aluminiumoxydes, so läßt sich ohne eine solche chemische Lösung der Aluminiumoxydhaut durch das Schweißpulver eine Schweißung des Aluminiums doch nicht erreichen, weil die Oxydhaut das geschmolzene Metall umgibt, ene auf ihrer Rückseite so immer auf die Schmelztemperatur des Metalls abgekühlt wird und durch die Einwirkung einer noch so hohen Wärmequelle von der andern Seite nicht zum Schmelzen gebracht werden kann. Wohl das bewährteste Schweißmittel für Aluminium stellt das „Autogal" (Griesheim-Elektron) dar, das in Pulverform oder als aufstreichbare Paste verwendet werden kann. Da dieses Pulver sehr gierig Wasser aufsaugt, so bewahrt man es zweckmäßig in Glasflaschen mit eingeschliffenem Stöpsel auf. Unter dem Einfluß der Luftfeuchtigkeit wird das

Pulver zum Schweißen unbrauchbar. Man kann aber das Pulver unter Beigabe von Wasser oder noch besser Alkohol zu einem streichfähigen Brei umwandeln, der aber erst unmittelbar vor der Schweißung angemacht werden darf, da er nicht aufbewahrt werden kann. Für die Schweißarbeit selbst empfiehlt sich ein Vorwärmen des Schweißstückes mit dem Brenner. Bei schwachen Blechen verwendet man die Wasser-Sauerstoff-Flamme. Ein Durchbrechen des plötzlich flüssig werdenden Material bei größeren Stücken verhindert man durch Unterlegen eines Eisenblechs. Ein Abschrecken nach dem Schweißen verbessert das Gefüge. Auch die sog. härtbaren Aluminiumlegierungen, wie Duralumin, Aludur, Lautal, Skleron und Silumin sind mit Autogal schweißbar; sie verlieren aber an der Schweißnaht von ihrer Festigkeit. Durch eine Nachbehandlung läßt sich die Naht aber wieder einigermaßen vergüten.

Die Oberflächenhärtung mittels der auf Acetylenüberschuß eingestellten Schweißflamme beruht auf folgender Erscheinung. Gegenstände aus weicheren Eisen- und Stahlsorten zeigen in Rotglut die Eigenschaft, Kohlenstoff an ihrer Oberfläche aufzunehmen, wenn sie längere Zeit in dem glühenden Zustand mit Substanzen zusammengebracht werden, die ihnen Kohlenstoff leicht abgeben. Durch Abschreckung erhalten dann solche gekohlte Gegenstände an der Oberfläche eine große Härte. Man bezeichnet diese Härtung als „Zementierung" des Eisens. Die Kohlenstoffaufnahme erfolgt um so intensiver und dringt um so tiefer in das Eisen ein, je höher dieses erhitzt und je länger es der kohlenstoffabgebenden Substanz ausgesetzt wird. Außerdem spielt die Art des vorhandenen Kohlenstoffes eine ausschlaggebende Rolle. Je feiner der Kohlenstoff ist, desto gleichmäßiger und rascher dringt er in die Poren des glühenden Eisens ein. Nun liefert aber von allen Kohlenwasserstoffen die Acetylenflamme den zartesten und feinsten Ruß, so daß man mit der auf Acetylenüberschuß eingestellten Schweißflamme in kürzester Zeit eine Oberflächenhärtung erreicht. Man erhitzt die zu zementierenden Stellen mit der normal eingestellten Schweißflamme auf Hellrotglut und setzt sie dann der auf Acetylenüberschuß eingestellten Flamme aus. Zum Schluß schreckt man in Wasser ab. Sind durch die Erhitzung einzelner Stellen gefährliche Spannungen zu befürchten, so erhitzt man das ganze Stück im Glühofen oder im Holzkohlenfeuer und bestreicht dann die zu härtenden Stellen mit der acetylenreichen Schweißflamme. Dieses Verfahren setzt auch kleinere Reparaturwerkstätten instand, wertvolle Oberflächenhärtungen in einfachster Weise auszuführen. Besonders auch bei landwirtschaftlichen Maschinen z. B. bei Eggen u. dergl. (siehe Band II) bietet diese Oberflächenhärtung große Vorteile. Gute Dienste leistet eine autogene Schweißanlage auch zum Auftragen von Neumaterial auf abgenutzte Stellen. Auf diese Weise können z. B. Korrosionen an Kesseln u. dergl. ausgebessert werden. Man hat diese Stellen metallisch rein zu machen und dann auf mindestens 800 Grad C — bei 780 Grad C hört der Magnetismus des Eisens auf, so daß man mit einem einfachen Magnet die Temperatur kontrollieren kann — zu erhitzen; auf die so erhitzten Stellen wird das Neumaterial aufgetragen und gehämmert. Bei Bedarf trägt man das Material lagenweise auf; die Temperatur darf man aber nicht unter 800 Grad C sinken lassen. In ähnlicher Weise kann man abgenutzte Wellen und dergl. reparieren.

Das autogene Schneiden beruht auf der Erscheinung, daß glühendes Eisen in reinem Sauerstoff lebhaft mit helleuchtender Farbe verbrennt. Man benutzt nun die Schweißflamme zum Erhitzen des Eisens und läßt dann einen starken Sauerstoffstrahl durch eine Düse auf das glühende Eisen einwirken. Unter dessen Einfluß verbrennt das Eisen; das verbrannte Eisen oder geschmolzene Material wird durch den Sauerstoffstrahl weggeblasen. Ein Schneidbrenner stellt lediglich die Vereinigung eines Schweißbrenners mit einem zweiten Rohr für Hochdrucksauerstoff dar. Die Schweißflamme wärmt das Werkstück auf Rotglut vor; erst wenn dies eingetreten, öffnet man das Ventil für den Hochdrucksauerstoff, der dann die Schneidarbeit vollbringt. Unsere Abb. 24 zeigt den Schneidbrenner der bekannten Spezialfabrik Messer & Co., Frankfurt a. M.

Das Schneiden von Gußeisen gelingt ebenfalls, wenn man in der hocherhitzten Schneidfuge zunächst einen Eisendraht zur Verbren-

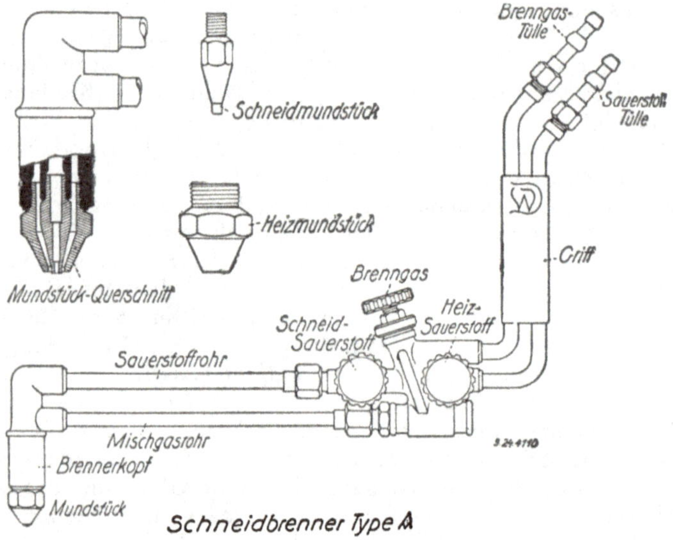

Abb. 24. Schneidbrenner, Messer

nung bringt. Die Weberwerke in Siegen bringen neuerdings einen Gußeisen-Schneidbrenner mit drei Düsen auf den Markt.

Auch über das autogene Hartlöten muß einiges gesagt werden. Das Löten im allgemeinen stellt eines der ältesten Arbeitsverfahren zur Verbindung von metallischen Teilen dar. Mittels des Lötens verbindet man gleichartige oder aber auch verschiedene metallische Teile in der Weise miteinander, daß man ein anderes, bei niedriger Temperatur schmelzendes Metall oder eine Metallegierung zwischen die zu verbindenden Flächen einbringt und hier erstarren läßt. Die Festigkeit der Lötung beruht auf zweierlei Erscheinungen. Einmal besitzt flüssiges und hocherhitztes Metall die Eigenschaft, durch Adhäsion an anderen metallischen Wandungen zu haften, dann aber tritt durch die Erhitzung der zu verbindenden Teile mit dem Lötmetall eine oberflächliche Mischung der Metalle ein, welches die Widerstandsfähigkeit der Metalle erhöht. Ist der Schmelzpunkt des Lotes wesentlich geringer als der des zu lötenden Metalles, so tritt eine solche innige Mischung der Metalle nicht ein, die Lötung ist in ihrer Festigkeit lediglich auf die Adhäsionskraft der Metalle gestellt. Naturgemäß ist die Mischung der Metalle mit dem Lot eine um so intensivere, je dünner die Schicht des zwischengelagerten Lotes ist. Je höher der Schmelzpunkt des Lotes ist, je geringer sich der Unterschied zwischen Schmelzpunkt des Lotes und Schmelzpunkt des Metalles erweist, je größer die Verwandtschaft der beiden Metalle zu einander ist, je dünner die zwischengelagerte Lotschicht ausfällt, desto fester gestaltet sich die Lötverbindung. Damit erklärt sich aber auch sofort eine andere Erscheinung. Zeigen sich auf der Oberfläche des Metalles Metalloxyde und Verunreinigung wie Fett und Oel, die sich zwischen Lot und Metall lagern oder aber zwischen den Metallen verdampfen, so kann eben eine innigere Verbindung des Metalles nicht stattfinden, die Festigkeit der Lötung wird erheblich vermindert, wenn nicht ganz aufgehoben. Deshalb muß die Oberfläche der Metalle chemisch gereinigt werden, was durch die gebräuchlichen Lötwasser erreicht wird. Ist nun ein Lot sehr strengflüssig, wie dies bei Hartlöten der Fall ist, so bedarf es einer besonderen Art von Gebläseflamme, um ein Zusammenschmelzen zu bewerkstelligen, und gerade hier treten die Fortschritte der Technik klar in die Erscheinung. Die alten Lötverfahren hat man in fast allen zeitgemäß geführten Betrieben verlassen und durch vollkommenere Methoden ersetzt. Wir finden heute zum Hartlöten die weitgehendste Verwendung der Sauerstofflammen, wobei Wasserstoff oder Acetylen gewöhnlich als Brenngase dienen. Neben diesen verwendet man in neuerer Zeit auch vielfach die brennbaren Oele, wie Benzin, Benzol und Petroleum, als Speisung der Sauerstofflamme. Am besten eignet sich das im Handel erhältliche 90%ige Benzol, wenn es frei von Verunreinigungen ist. Von den Benzinen ist am besten das Schwerbenzin (spez. Gewicht 0,5 bis 0,7) verwendbar. Benzin kann auch als Zusatz zu Benzol dienen, um dessen Gefrierpunkt weiter herunterzudrücken. Petroleum ist ebenfalls gut verwendbar, seine vorherige Vermischung mit anderen leichten Brennölen erleichtert seine Verwendung. Erst die Einführung der Sauerstofflammen in die Löt- und Schweißtechnik ermöglichte es, derart heiße Flammen zu erhalten, um auch schwerer schmelzbare Metalle durch Zusammenschmelzen zu vereinigen. Bei den Benzolbrennern wird das Hartlöten mittels eines besonderen Lötmundstückes mit Siebkopf sehr erleichtert, da hierdurch eine weiche, nicht zu heiße Flamme erreicht wird, welche die Lötstelle gut durchwärmt, bevor der Lötprozeß einsetzt. Hierdurch wird die Vermischung des Lotes mit dem Grundmetall begünstigt.

Großer Beliebtheit erfreuen sich heute die Hochdruck-Acetylen-Hartlötapparate. Mit Acetylen, wie es in den gewöhnlichen Entwicklungsapparaten erzeugt wird, läßt sich eine Gebläseflamme nicht erzeugen, man muß daher entweder Sauerstoff oder aber Preßluft mitverwenden; in den Acetylen-Hochdruck-Hartlötapparaten wird dagegen ein Acetylen von hohem Druck erzeugt, so daß hier mit Acetylen allein die erforderliche Gebläseflamme erzeugt werden kann. Einen der bekannten Apparate für diese Zwecke stellt der „Alü"-Apparat dar. Er weist im Innern keine beweglichen Teile, keine Ventile, keine Federn und keine Membrane auf, so daß Störungen kaum auftreten. Gaserzeugung und Druckregelung erfolgt automatisch.

Größe	Karbid-füllung kg	Höhe cm	Durch-messer cm	Wasser-inhalt l	Leer-gewicht kg	Dauer einer Füllung	
						Weichlöten ca. Std.	Hartlöten ca. Std.
Alü I	0,350	41	22	3,0	8,5	3,5	1
Alü II	0,500	52	25	5,5	11,5	5,0	1,5

Zu einer kompletten Einrichtung gehören: 1. Schlauchventil, 1 Lötapparat „Alü" verzinkt, 3 Meter Lötschlauch, 1 Lötkolben, Spritz- und Hammerform, 1 Lötpistole mit einer Brennerspitze, 1 Schlüssel zur Kappe des Einfüllstutzens, 1 Gasanzünder, 2 Schlauchklemmen, 1 Manometerkontrollstutzen. In dieser Zusammenstellung kostet die Einrichtung: Alü I 74 RM., Alü II 94 RM., ausschließlich Verpackung. Geliefert wird der Apparat von der Firma Apparatebau G. m. b. H., München 26, Zweibrückenstraße 12, Mittelbau.

Ein neueres, autogenes Lötverfahren besteht darin, daß die zu verbindenden Metallstücke an der Verbindungsfuge so hoch erhitzt werden, daß ihre Oberflächen anfangen, flüssig zu werden; bei Eintritt dieses Zustandes streut man Späne desselben Metalls auf die Verbindungsstellen, führt weiter Wärme zu, so daß die Späne schmelzen, und drückt dann die zu verbindenden Teile gegeneinander, um ein Ineinanderfließen zu erreichen. Gewöhnlich verwendet man dabei ein Gemisch von im Tiegel geschmolzenem Borax mit feinen Eisenfeilspänen. Dieses Verfahren hat sich in der Praxis schon weitgehend eingeführt, so z. B. zum Auflöten von Stahlplättchen auf Drehstähle, wobei eine Spindelpresse das Aneinanderdrücken der Teile übernimmt. Nicht unerwähnt darf ein Lötverfahren zu Ausbesserungsarbeiten an gebrochenen Gußteilen bleiben. Wir meinen das unter Patent stehende Gußeisenhartlötverfahren für Grau-, Stahl- und Temperguß mit dem Gußeisenlötpulver Goliath. Die Bruchstelle muß vor dem Löten mit einer Drahtbürste sauber gereinigt werden, selbst wenn der Bruch ganz neu ist. Etwa vorhandenes Fett ist durch Abbrennen zu entfernen. Man nimmt dann soviel Goliathpulver, als man schätzungsweise braucht, rührt es mit Wasser zu einem nicht zu dickflüssigem Brei an und trägt diesen mit einem sauberen Gegenstand auf die Lötstelle. Nunmehr wird das Lötstück fest zusammengeklemmt und mit Schraubenzwingen oder starker Drahtumschnürung fest zusammengezogen. Hierauf wird das Werkstück in ein gelindes Holzkohlenfeuer gebracht, so zwar, daß die Lötfuge nach oben wagerecht liegt und nicht bedeckt wird. Ist das Werkstück rotwarm geworden, so gibt man auf die freie Oberfläche der Bruchstelle reichlich von dem mitzubeziehenden Hartlötflußmittel „AB" und ebenfalls reichlich leichtflüssiges Messing-Schlaglot auf. Als letzteres empfiehlt sich das Goliath-Schlaglot. Nunmehr wird bis zur Kirschrotglut intensiv weiter erhitzt. Dann bedeckt man den ganzen Lötgegenstand mit Holzkohle und erhitzt weiter, bis sich blaue Flämmchen über dem Feuer zeigen, die anzeigen, daß das Schlaglot zu fließen beginnt. Nunmehr legt man die Lötstelle wieder frei und verrührt mit einem Goliath-Hartlötdraht das geschmolzene Schlaglot, so daß es gut in die Bruchfläche eindringt. Nun erfolgt langsamste Abkühlung mit dem Feuer. Wasserabkühlung ist unzulässig. (Herstellerin: Fa. Martin Meyer & Co. G. m. b. H. Metallo-Chemische Fabrik,

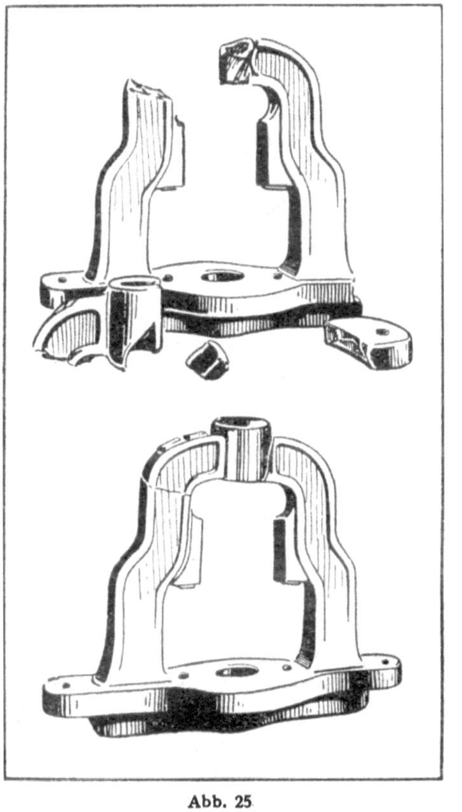

Abb. 25

Berlin NO. 55, Prenzlauer-Allee). Unsere Abb. 25 zeigt eine gebrochene und nach dem Goliath-Hartlötverfahren wieder reparierte Presse.

Nicht gerade selten wird eine Reparaturwerkstätte in die unangenehme Lage versetzt werden, auch g a l v a n i s c h e V e r n i c k l u n g e n ausführen zu müssen. Diese Art von Arbeiten liegt den ländlichen Reparaturwerkstätten naturgemäß nicht sonderlich, aber wenn nicht eine besondere galvanische Anstalt an Ort und Stelle ist, so bleibt schließlich nichts anderes übrig, als sich selbst für solche Arbeiten einzurichten.

Nachdem häufig in Zeitschriften und Büchern den ländlichen Reparaturwerkstätten in der Vernicklungsfrage vollkommen verkehrte Ratschläge erteilt werden, soll etwas näher auf diese Angelegenheit eingegangen sein.

Der Grundgedanke, welcher die galvanischen Ueberzugsverfahren beherrscht, ist kurz folgender: Wird durch eine Metallösung z. B. eine Nickellösung — und diese nennt man für unseren Fall das galvanische Bad —, ein elektrischer Strom geleitet, so wird das Metall aus dieser Lösung ausgeschieden, und dieses schlägt sich am negativen Pol des Stromes nieder. Nun bildet man den negativen Pol des Stromes durch die Arbeitsstücke, so daß sich eben an diesen das aus dem Bad ausgeschiedene Metall niederschlägt und sich so auf den Arbeitsstücken ein Metallüberzug bildet. Den positiven Pol, die sog. Anode — der negative Pol heißt die Kathode — bildet man aus dem Metall, das niedergeschlagen werden soll. Unter dem Einfluß des elektrischen Stromes zersetzt sich das Anodenmetall allmählich, so daß hierdurch das aus dem Bad ausgeschiedene Metall immer wieder ersetzt wird. Schon aus dieser Grundidee der galvanischen Verfahren vermag der Praktiker den Schluß zu ziehen, daß es für ein sachgemäßes Arbeiten mit einem solchen galvanischen Bad viel auf eine geeignete Badlösung und viel auf ein reines Anodenmaterial ankommt. Und so ist es auch in der Tat.

Die Stromspannung, bei der eine galvanische Badlösung eben zersetzt, das Metall also am negativen Pol ausgeschieden wird, heißt die Zersetzungsspannung. Arbeitet man mit wesentlich höherer Spannung, so findet die Metallablagerung zu plötzlich statt, der Niederschlag überstürzt sich, wird nicht dicht und zeigt infolge von Wasserstoffaufnahme Neigung, aufzusteigen, abzublättern. Man kann daher nur für leichte Metallüberzüge mit höherer Spannung arbeiten, für starke solide Niederschläge dagegen muß eine Spannung gewählt werden, die nicht wesentlich höher ist als die Zersetzungsspannung des Bades. Für Nickelsulfat wird die Zersetzungsspannung z. B. auf 2,09 Volt angegeben. Ein allgemein gültiger Wert kann für die erforderliche Badspannung nicht gegeben werden, zumal ja diese auch abhängig ist von dem Badewiderstand, von der Temperatur und Konzentration der Badflüssigkeit und von der Entfernung der Waren von den Anoden.

Die Stromstärke richtet sich nach der Größe der zu galvanisierenden Warenoberfläche. Um sich nach dieser richten zu können, gibt man die sog. Stromdichte, d. i. die Stromstärke, die auf die Flächeneinheit entfällt, an. Kennt man also die Größe der Warenoberfläche, so hat man diese lediglich mit der zweckmäßigen Stromdichte zu multiplizieren, um die erforderliche Stromstärke zu erhalten.

Der Raum, in dem man seine Galvanisiereinrichtung unterbringt, muß genügend Licht erhalten, ferner muß eine gründliche Durchlüftung möglich sein. Er muß ausreichend erwärmt werden können und muß Wasserzu- und Wasserabfluß besitzen. Als Fußboden empfiehlt sich ein solcher von Zement ader Asphalt, der nach der Mitte zu geneigt und hier mit einem Abfluß versehen ist. Am besten verlegt man den Galvanisierraum in das Erdgeschoß. Von einem etwa vorhandenen Schleifraum ist der Galvanisierraum zu trennen, da der Schleifstaub galvanische Bäder verdirbt. Nach diesen allgemeinen Vorausschickungen sollen dem Leser einige empfehlenswerte Zusammenstellungen von Vernicklungseinrichtungen gegeben werden. Zunächst sei noch bemerkt, daß für ländliche Reparaturwerkstätten die moderne Schnellvernicklungsmethoden nicht in Frage kommen, wie das oft empfohlen wird. Diese Methoden sind an das Vorhandensein von Dampf für Heizwecke etc. geknüpft. Am zweckmäßigsten erweist sich für solche kleineren Betriebe das gewöhnliche Starkvernicklungsverfahren ohne besondere Hilfsmittel, wie Filtration, Lufteinblasen usf. Für dieses Verfahren empfiehlt sich nun eine der nachfolgenden Zusammenstellungen:

Einrichtung mit Wanne 100×60×60 cm im Lichten für Vernicklung.

A) Dynamomaschine für Riemenantrieb.

1 Gleichstrom-Nebenschluß-Niederspannungs-Dynamomaschine modernster Bauart, mit Kupferwicklung und Kupferkohlebürsten, ED 1/8, 4 Volt, 60 Ampere, ca. 2800 Umdrehungen pro Minute, ca. 0,62 PS. Kraftbetrief, Riemenscheibe 50×30 mm.
1 Nebenschluß-Regulator.
1 Voltmeter TVI, 0—5 Volt,
1 Badestrom-Regulatonr RIs, 1,5 Volt Vernichtung, 20 Ampere Durchlaß.
1 einpoliger Voltumschalter mit 3 Kontakten.
4 m isolierter Leitungsdraht 10 qmm,
1,5 m isolierter Nebenschlußdraht 1,5 qmm.
2 m isolierter Voltmeterdraht 1 qmm.
1 Wanne aus echt amerikanischem Pitchpineholz, selbstdichtend, allseitig kräftig verankert und verschraubt, Innenmasse: 100×60×60cm, Vollinhalt 360 Ltr.
1 komplette Leitungsarmatur aus Messingrohr 15/11 mm, bestehend aus: 2 Anoden und 1 Warenstange je 120 cm, 1 Querverbindung 60 cm, 2 Anschluß- und 2 Verbindungsklemmen, 16 mm Bohrung,
12 Reinnickel-Anoden, gewalzt, 300×100×1 mm, mit 12 angenieteten Hartnickelstreifen,
300 Ltr. = 30 kg präpariertes Starkvernicklungssalz „Rhenania" Ia., Preis komplett ca. 450 RM.

B) mit Einanker-Umformer für direkten Gleichstrom-Anschluß.

1 Gleichstrom-Einanker-Umformer zum direkten Anschluß an Gleichstrom-Licht- oder Kraftleitungen von 110 oder 220 Volt Spannung (verfügbare Spannung angeben), Type NMU 1/3, 4 Volt, 35 Ampere, Wattaufnahme in kW ca. 0,395,
1 Anlasser mit Tourenregulierung,
1 Voltmesser TVI, 0—5 Volt,
1 Badstrom-Regulator RIs, 1,5 Volt Vernichtung, 20 Ampere Durchlaß,
1 einpoliger Umschalter mit 3 Kontakten,
4 m isolierter Leitungsdraht 10 .mm,

2 m isolierter Voltmeterdraht 1 qmm,
1 Wanne aus echt amerikanischem Pitchpineholz, selbstdichtend, allseitig kräftig verankert und verschraubt, Innenmasse: 100×60×60 cm, Vollinhalt: 360 Ltr.
1 komplette Leitungsarmatur aus Messingrohr 15/11 mm, bestehend aus: 2 Anoden und 1 Warenstange, je 120 cm, 1 Querverbindung 60 cm, 2 Anschluß- und 2 Verbindungsklemmen, 16 mm Bohrung,
12 Reinnickel Anoden gewälzt,
300 l = 30 kg präpariertes Starkvernicklungssalz „Rhenania Ia"., Preis komplett ca. 550 RM.

Einrichtung: 1. Komplette galvanische Anlage zur Vernicklung, mit elektrolitischem Entfettungsbad und Schleif- und Poliereinrichtung.

I. Stromquelle und Instrumente.

a) Bei Riemenantrieb:
1 Gleichstrom-Nebenschluß-Niederspannung-Dynamomaschine modernster Bauart, mit Kupferwicklung und Kupferkohlebürsten ausgerüstet, Type ED ¼,4 Volt, 120 Ampere ca. 2800 Umdrehungen pro Minute, ca. 1,17 PS Kraftbedarf, Riemenscheibe 80×40 mm,
1 Nebenschluß-Regulator,
1 Schalttafel aus Holz mit Rahmen, mit folgenden Apparaten und Instrumenten auf die Tafel montiert, ausschließlich rückseitiger Verbindungen:
1 Voltmeter TVI, 0—5 Volt,
1 Amperemeter TAIr, 0—150 Ampere,
1 einpoliger Voltumschalter mit 3 Kontakten,
1 Nebenschluß-Regulator (siehe oben) 297,70 RM.,

Alternativ:

b) bei direktem motorischen Antrieb bei Gleichstrom:
1 Gleichstrom-Einanker-Umformer NMU 1 um direkten Anschluß an Gleichstrom-Licht- oder Kraftleitungen von 110 oder 220 Volt Spannung (Verfügbare Spannung angeben), sek. Leistung 4 Volt, 125 Ampere, Wattverbrauch in kW ca. 1,1,
1 Anlasser mit Tourenregulierung,
1 Schalttafel aus Juramarmor mit polierten Kanten, mit den erforderlichen Meß- und Regulier-Instrumenten und Apparaten sowie Schalter und Sicherungen 640,85 RM.,

alternativ:

c) bei direktem motorischen Antrieb bei Drehstrom:
1 Maschinenaggregat, bestehend aus:
1 Dynamomaschine ED ¼ (siehe oben), auf gemeinsame Grundplatte montiert und direkt flexibel gekuppelt mit 1 Drehstrommotor DK 29,220/380 Volt 50 Perioden (verfügbare Stromart, Spannung und Periodenzahl angeben) mit Kurzschlußanker, 1 Anlasser, 1 Nebenschluß-Regulator,
1 komplette Marmortafel mit den erforderlichen Meß- und Regulier-Instrumenten und Apparaten sowie Schalter und Sicherungen 523,45 Rm.,

II. Leitungs-Isolations- und Befestigungsmaterial

richtet sich nach den jeweils vorliegenden besonderen Verhältnissen und ist auf Wunsch nach einem einzusendenden Situationsplan noch getrennt nachzubieten.

III. 1 komplettes Nickelbad bestehend aus:

1 Wanne aus echt amerikanischem Pitchpineholz, selbstdichtend, allseitig kräftig verankert und verschraubt, Innenmasse: 120×60×60 cm, Vollinhalt: 432 Ltr.,
1 komplette Leitungsarmatur aus Messingrohr 15/11 mm, bestehend aus:
2 Anoden- und 1 Warenstange je 140 cm lang,
1 Querverbindung 60 cm lang,
2 Anschluß- und 2 Verbindungsklemmen 16 mm Bohrung,
6 Stück Reinnickel-Anoden gewalzt 300×200×3 mm,
2 Stück Reinnickel-Anoden gegossen 300×200×5 mm,
16 Stück Hartnickelstreifen genietet,
400 = 40 kg präpariertes Universal-Strakvernicklungssalz „Original AI",
1 Badstrom-Regulator Type RIIs, 1,5 Volt Vernichtung, 30 Ampere-Stromdurchlaß. (Auf Wunsch kann der Badstromregulator auch auf die Maschinenschalttafel montiert werden. Ein Mehrpreis entsteht hierdurch nicht) Preis 339,70 RM.

IV. 1 komplettes elektrolytisches Entfettungsbad, bestehend aus:

1 autogen geschweißte Eisenwanne in Spezialausführung System „LPW", mit Querscheidewand und Ablaßhahn für Oberflächenreinigung, Gesamtgröße des Behälters einschließlich Reinigungsabteil: 70×40×50 cm, Innenmasse des Badbehälters allein: 60×40×50 cm,
1 komplette Leitungsarmatur aus Messingrohr 12/8 mm, bestehend aus:
2 Anoden- und 1 Warenstange je 90 cm lang,
1 Querverbindung 40 cm lang,
2 Anschluß- und 2 Verbindungsklemmen 13 mm Bohrung,
4 Spezial-Stahlanoden, sandstrahlmattiert und stark vernickelt 300×200×3 mm,
8 Stahlstreifen, angenietet,
100 l elektrolytisches Spezial-Entfettungs- und Decapierungsbad mit gleichzeitiger Vorverkupferung aller Metalle (Cuprodecapierbad), in trockner Form, Qual. Ia, 128,35 RM.

V. Schleif- und Polier-Einrichtung:

1 Doppelschleif- und Poliermaschine Type NS 35, mit weit nach außen verlegten Kugellagern, Spitzenhöhe 470 mm, Gesamtlänge mit Spitzenspindeln ca. 1490 mm, sehr stabile Bauart, mit 1 Paar Spitzenspindeln,
1 Mittelfilzscheibe 300 × 40 mm,
1 Feinfilzcheibe 300 × 30 mm,
1 Zirkular-Fiberbürste mit Pappkern, 300 mm Durchmesser, 5reihig

2 kg Mosaikscheiben aus neuen Nessel- und Köperabfällen, 300 mm Durchmesser,
1 kg Taglbrikett Ia gelblich, 3 kg Vorpoliermasse B violett,
1 kg Hochglanzmasse PII, 1 kg Wiener Kalk in Stücken,
1 kg Lederleim, 1 kg Stearinöl dickflüssig, je 1 kg Schmirgel gekörnt (Nr. 80, 140), geschlämmt (Nr. 00,0000) 243,65 RM.

VI. Diverses:

5 kg präpariertes Entfettungsöl „Flux",
3 Handentfettungsbürsten mit Holzstiel 4reihig, Ia Fiberbezug,
1 Aräometer 0—25 Grad Bé., 1 Thermometer, 1 Dose Reagenzpapier, 1 Tube Galvaniseursalbe, 1 Stück Galvaniseurseife, 1 Handbuch „Die Galvanotechnik" von Dr. W. Pfannhauser 32,60 RM.

Gesamtsumme 1042 RM.

Obige Anlagen, die aus reichster praktischer Erfahrung zusammengestellt sind und daher bestens empfohlen werden können, liefern die **Langbeim-Pfanhauser-Werke A.-G., Leipzig-Sell.**

Zum Schluß dieses Teiles sollen noch einige Regeln für das Härten von Werkzeugen gegeben werden.

Hat man Gegenstände mit stark vorspringenden Ecken, mit Schneiden, Spitzen und Kanten usw. also z. B. Messer, Aexte, Beile usw. zu härten, so muß man die starken Teile zuerst einige Male im Bad auf und ab bewegen und dann erst darf man sie auch mit der Schneide oder Spitze untertauchen. Befolgt man diese Vorschrift nicht, so tritt eine ungleichmäßige Abkühlung auf, und die Folge ist das Abspringen von Schneiden und Spitzen, da diese sofort abkühlen, während die stärkeren Teile länger hierzu brauchen. Werkstücke, die mit der Zange ins Härtebad gehalten werden müssen, dürfen nur mittels einer Zange mit zwei Spitzen oder Schneiden gefaßt werden, damit die von der Zange bedeckten Teile möglichst klein sind. Diese Teile kommen naturgemäß mit der Flüssigkeit des Härtebades nicht in Berührung, müssen also, wenn eine ungleichmäßige Abkühlung vermieden werden soll, sehr klein sein. Lange Werkstücke, wie z. B. Bohrer, Fräser, Spindeln, Schermesser usw., dürfen nur senkrecht hängend ins Bad gebracht werden, weil sie sonst wegen der schnelleren Abkühlung der einen Seite und auch durch ihr Eigengewicht krumm gezogen werden. Alle Werkstücke sind im Härtebade langsam auf und ab zu bewegen, damit sich die bildenden Dampfblasen leichter entfernen können. Vielgezackte Körper z. B. Schneckenfräser, härtet man am besten in einem von allen Seiten kräftig heranbrausenden Sprühregen, da es außerordentlich schwer ist, sie ohne Verziehen in das Härtebad zu bringen. Plattenförmige Körper, wie Kreissägeblätter und dergl. spannt man am besten zwischen zwei kräftige Platten und glüht und härtet sie im eingespannten Zustand. Dadurch beugt man jedem Verziehen vor, außerdem bleiben sie in der Mitte weich. Weisen Arbeitsstücke kleinere Bohrungen auf, die infolge von plötzlich wechselnden Querschnitt zu einer ungleichmäßigen Abkühlung führen können, so müssen diese Bohrlöcher verstopft werden, da sonst Rißbildungen unausbleiblich sind. Zum Verstopfen kleiner Bohrungen und Vertiefungen, wozu auch Zentrierlöcher gehören, verwendet man Lehm oder einen zu einer steifen Masse verweichten Asbest. Wenn Arbeitsstücke nur teilweise oder an den arbeitenden Stellen besonders hart sein sollen, so müssen sie an den betreffenden Stellen allein oder besonders gut abgelöscht werden. In vielen Fällen ist hier die Gefahr des Reißens besonders groß, so daß man auch bei der Wahl der Stahlsorten hierauf Rücksicht nehmen muß. Besonders begünstigt werden Härterisse durch scharfe Ecken und scharfe Uebergänge. Sind letztere unbedingt erforderlich, so empfiehlt es sich, die Uebergänge zunächst mit einer kräftigen Abrundung zu versehen, so zu härten und dann erst die Abrundung scharf zu schleifen. So lassen sich die Härterisse am besten vermeiden.

Auf andere Arbeitsverfahren kommen wir in den folgenden Bänden zu sprechen.

Teil III.

Von den Leichtmetallen und deren Bearbeitung.

Im Nachfolgenden soll kurz noch von einigen modernen Leichtmetallen und deren Bearbeitung berichtet werden. Das wichtigste und verbreitetste Leichtmetall bildet bis heute das Elektron.

Mit Elektron bezeichnet man alle Magnesiumlegierungen mit über 80% Magnesiumgehalt. Das Magnesium war früher nur bekannt als Bestandteil von Blitzlichtpulver, Raketen und dergl., worin es in Pulverform mit einem Sauerstoffträger gemischt zur Entzündung gebracht wird. Die Verwendung des Magnesiums zu Konstruktionsmaterial gelang erst in unsern Tagen. Es ist zu verstehen, daß man im Anfang diesem Werkstoff großes Mißtrauen entgegenbrachte, fürchtete man doch eine leichte Brennbarkeit des neuen Metalls. In Tatsache brennt Elektron aber erst dann, wenn es geschmolzen, d. h. über 650 Grad Celsius erhitzt ist. Sein Schmelzpunkt liegt ebenso hoch, wie der des Aluminiums und so kommt praktisch ein Brennen von Elektron-Bauteilen gar nicht in Frage, zumal das Elektron auch noch eine hohe Wärmeleitfähigkeit besitzt. Massige Stücke sind nur schwer in Brand zu setzen; für Verpackung und Lager und Verkehr mit solchen Stücken bestehen daher auch keine besonderen Einschränkungen gegenüber andern Metallen; ein Lager ist lediglich durch eine Tafel mit der Aufschrift: „Elektronmetall-Lager" an der Außenwand kenntlich zu machen. Es interessiert sicher die Tatsache, daß z. B. ein Gußbehälter aus Elektronmetall mit Benzol gefüllt, nicht ins Schmelzen und Brennen kommt, auch wenn das Benzol darin völlig verbrennt. Anders als bei massigen Elektronkörpern liegt die Sache bei Elektron-Spänen und bei Schleifstaub. Bei Spänen ist die Inbrandsetzung um so leichter möglich, je dünner die Spannschnitte sind; also feine Späne und Spanwolle sind leicht, Schruppspäne schwer entzündbar. Dabei brennen feuchte Späne leichter als trockene. Daraus ergeben sich folgende Maßregeln: Das Material ist trocken zu bearbeiten, eine Ansammlung von Spänen an Maschinen und auf Arbeitskleidungen ist zu verhüten. Die Späne dürfen nicht abgesaugt werden, sondern sind an den Arbeitsmaschinen dauernd einzusammeln und nach eisernen Behältern mit dichtschließenden Deckeln zu bringen. Als Löschmittel für brennende Spänehaufen dient trockener oder ölgetränkter Sand oder wasserfreier Karnallit. Aehnliche Vorsichtsmaßregeln sind für Schleifstaub einzuhalten.

Das Elektron ist mit einem spez. Gewicht von 1,8 das leichteste der bekannten Nutzmetalle. Es kommt in allen Formen, in Stäben, Profilen, Rohren und Gußstücken in den Handel. An der Luft überzieht sich das Elektron mit einer grauen Rotschicht, die aber nicht wie beim Eisen, das Metall zerfrißt, sondern dieses vor weiteren Angriffen schützt. Im übrigen läßt sich diese Rostschicht auch durch geeignete Maßnahmen (Einfetten, Anstriche usw.) verhüten. Gegen alkalische Lösungen ist Elektron ziemlich unempfindlich; seine Verwendung für Teile, die ständig mit Wasser in Berührung stehen, ist es indessen nicht zu empfehlen.

Außer dem geringen Gewicht des Elektrons veranlassen noch zwei weitere Vorzüge seine weitgehendste Verwendung, einmal seine hervorragenden Festigkeitseigenschaften und dann seine vorzügliche Bearbeitbarkeit, die von keinem andern Metall erreicht wird. Der Kraftbedarf der Werkzeugmaschinen ist bei Bearbeitung von Elektron bedeutend geringer, als bei jedem andern Metall und die Möglichkeit der Schnittgeschwindigkeit ist eine derartige, daß zuerst Spezialmaschinen für dieses Metall konstruiert werden mußten, da die bisher üblichen Maschinen eine so hohe Geschwindigkeit gar nicht gestatteten. Dabei erfolgt die Bearbeitung des Elektrons ohne jegliches Schmiermittel. Durch diese leichte Bearbeitbarkeit und durch die hohe Festigkeit des Metalls ist die Möglichkeit gegeben, Konstruktionsteile aus Elektron herzustellen, für die es sonst seines Preises wegen nicht in Frage käme. Man hat für die Elektronbearbeitung außer Spezialwerkzeugmaschinen auch Spezialwerkzeuge geschaffen, wie solche hauptsächlich die Firma Stock & Co., Berlin-Marienfelde liefert. Schweißen läßt sich das Elektron ebenfalls und zwar am besten mit der Acetylen-Sauerstofflamme. Die Schweißstellen müssen vor dem Schweißen metallisch blank gemacht werden. Als Zusatzmaterial kommt ein schmaler Blechstreifen der gleichen Legierung zur Verwendung. An Stelle eines Schweißpulvers verwendet man ein Gemisch aus 60% Wasser und 40% Salz. Der Brenner muß flach geführt werden, um ein Durchbrennen der Fläche zu verhüten. Die fertige Schweißnaht verbessert man durch leichtes Abhämmern. Zu Erzielung eines guten Oberflächenschutzes wird das Elektron sofort nach dem Schweißen einem Chromatbeizverfahren unterzogen. Die Beize setzt sich zusammen aus 15% Kalium — oder Natriumbichromat und 20% konzentrierter Salpetersäure, den Rest bildet Wasser. Die niedergeschlagene Schicht schützt das Metall und bietet für den nachfolgenden Lackanstrich eine gute Haftung.

Besonders geeignet ist das Elektron auch für alle Gußstücke die bisher in Leichtmetall, Grauguß, Stahlguß oder Rotguß ausgeführt wurden, so weit sie nicht etwa ständig mit Wasser in Berührung kommen. Von besonderer Bedeutung ist ferner, daß sich das Elektronmetall auch für den Spritzguß eignet. Das Verfahren, flüssiges Metall durch hohen Druck in Stahlformen zu gießen, bietet den großen Vorteil, durch entsprechende Ausfüllung der Formen das Gußstück fertig mit sämtlichen Löchern, Gewinden, Vertiefungen etc. gewinnen zu können, also jegliche Nacharbeit zu ersparen oder doch auf ein Minimum zu beschränken. Zu dem Spritzgußverfahren eignen sich aber nur wenige Metalle und auch von diesen nur einige Legierungen. Es wurde daher lebhaft begrüßt, als man fand, daß sich das Elektron einwandfrei als Spritzguß verwenden läßt; es besitzt eine leichte Fließbarkeit, wodurch eine hohe Ausnützung von Form und Maschinen möglich ist. Seine vorzügliche Bildsamkeit und Unempfindlichkeit gegen Temperaturschwankungen ermöglicht eine Arbeit, mit einem Minimum von Ausschuß. Die fertigen Stücke zeigen eine schöne und dichte Oberfläche des Gußstückes, die Rostgefahr ist nur gering. Die Elektrongußstücke lassen sich in den verschiedensten Farben lackieren, beizen und mattieren. Außerdem können in Elektronspritzgußteile Einlagestücke, wie Lagebüchsen, Kugellager usw. aus verschiedenen Metallen, z. B. Eisen, Stahl usw. eingespritzt werden. Der Elektronspritzguß kommt überall in Frage, wo es sich um Massenherstellung handelt. Ganz besonders erfolgreiche Verwendung findet das Elektronmetall als Material für Kolben von Kraftfahrzeugmotoren. Ferner findet das Elektron auch im Luftbahrzeugbau ausgedehnte Verwendung. Wir haben es hier mit einem Leichtmetall zu tun, das noch eine große Zukunft haben und uns bei Reparaturarbeiten an Fahrzeugen etc. immer mehr begegnen wird.

Die übrigen Leichtmetalle stellen Legierungen von Aluminium dar. So sei z. B. hier das Silumin genannt. Dasselbe besteht aus Aluminium und Silizium. Sein spez. Gewicht beträgt 2,6. Es besitzt eine vorzügliche Gießbarkeit. Häufig verwendet wird es bei landwirtschaftlichen Maschinen und bei elektrotechnischen Apparaten, auch bei Haushaltungsmaschinen. Dieses Material läßt sich sehr gut schweißen. Ferner sei das Lautal genannt, das aus Aluminium, Kupfer und Silizium besteht. Man verwendet dieses sehr viel im Karosseriebau, zur Herstellung von Kolben, Pleuelstangen etc. Das Lautal gehört zu den vergütbaren Aluminiumlegierungen; die Vergütung erfolgt durch Erhitzen, Abschrecken und darauffolgendes längeres Anlassen. Das Material läßt sich mit Autogal schweißen, die Schweißstelle verliert aber bedeutend an Festigkeit. Auf andere Leichtmetalle kommen wir in den späteren Bändchen zu sprechen.

Schluß des I. Bandes.

Druck: Rosenthal & Co., Berlin NW 21. Alt-Moabit 105.

Messer
Schweiss=
anlagen
ORIGINAL MESSER
ORIGINAL
MESSER
die
Schweissanlagen
Für
Schmiede
Schlossereien
Spenglereien
Fahrrad-
und Auto-
Reparatur-
Werkstätten
MESSER & Co. G.M.B.H.
BERLIN • FRANKFURT A/M. • ESSEN

FSC
www.fsc.org
MIX
Papier | Fördert gute Waldnutzung
FSC® C083411

Zeitfracht Medien GmbH
Ferdinand-Jühlke-Straße 7
99095 Erfurt, Deutschland
produktsicherheit@kolibri360.de